高等职业院校前沿技术专业特色教材

民用无人机安全飞行基础

◎ 主　编　史彦斌　朱熙
　　副主编　管祥民　何桢

清华大学出版社
北京

内容简介

本书为中国航空学会推荐教材。本书对无人机的安全操作规范、飞行安全管理、气象对飞行的影响、电磁环境与无人机飞行安全、典型无人机飞行手册、相关管理组织以及相关法律法规做出详细阐述。另外，本书除对国内无人机管理进行介绍外，还对欧洲、美国、英国、澳大利亚、日本等国家和地区的无人机管理规定进行了介绍。

本书可作为高职院校无人机应用技术专业教材，也可作为学习无人机驾驶的参考用书。

本书封面贴有清华大学出版社防伪标签，无标签者不得销售。
版权所有，侵权必究。举报：010-62782989，beiqinquan@tup.tsinghua.edu.cn。

图书在版编目(CIP)数据

民用无人机安全飞行基础/史彦斌，朱熙主编.—北京：清华大学出版社，2021.9(2025.2重印)
高等职业院校前沿技术专业特色教材
ISBN 978-7-302-57367-8

Ⅰ.①民… Ⅱ.①史… ②朱… Ⅲ.①民用飞机－无人驾驶飞机－飞行安全－高等职业教育－教材 Ⅳ.①V279

中国版本图书馆 CIP 数据核字(2021)第 017922 号

责任编辑：张 弛
封面设计：刘 键
责任校对：李 梅
责任印制：宋 林

出版发行：清华大学出版社
网　　址：https://www.tup.com.cn,https://www.wqxuetang.com
地　　址：北京清华大学学研大厦 A 座　　　　邮　编：100084
社 总 机：010-83470000　　　　　　　　　　　邮　购：010-62786544
投稿与读者服务：010-62776969，c-service@tup.tsinghua.edu.cn
质量反馈：010-62772015，zhiliang@tup.tsinghua.edu.cn
课件下载：https://www.tup.com.cn,010-83470410

印 装 者：三河市龙大印装有限公司
经　　销：全国新华书店
开　　本：185mm×260mm　　印　张：8.25　　　　　字　数：195 千字
版　　次：2021 年 9 月第 1 版　　　　　　　　　　印　次：2025 年 2 月第 3 次印刷
定　　价：49.00 元

产品编号：090866-01

编写委员会

丛书主编：

　　　　姚俊臣

编　　委：

　　　　周竞赛　李立欣　张广文
　　　　胡　强　朱　妮

序言

职业教育与普通教育作为高等教育的两翼,具有同等重要的地位。改革开放以来,职业教育为我国经济社会发展提供了有力的人才和智力支撑,现代职业教育体系框架全面建成,服务经济社会发展能力和社会吸引力不断增强,具备了建设科技强国的诸多有利条件和良好工作基础。随着我国进入新的发展阶段,产业升级和经济结构调整不断加快,各行各业对技术技能人才的需求越来越紧迫,职业教育的重要地位和作用进一步凸显。这一点在我国航空科技领域愈发突出,航空产业发展离不开大国工匠和高水平的职业技术人才。

作为我国航空科技飞速发展的重要代表,无人机技术广受关注,已经一跃成为通用航空领域的一支新生力量,目前中国民用消费类无人机已占全球70%左右的市场份额。2017年12月,工业和信息化部印发《关于促进和规范民用无人机制造业发展的指导意见》。到2025年,综合考虑产业成熟度提升后的发展规律,民用无人机产业将由高速成长转向逐步成熟,按照年均25%的增长率测算,到2025年民用无人机产值将达到1800亿元。2020年,习近平总书记在视察空军航空大学时指出:现在各类无人机系统大量出现,无人作战正在深刻改变战争面貌。要加强无人作战研究,加强无人机专业建设,加强实战化教育训练,加快培养无人机运用和指挥人才。职业技术院校无人机应用技术专业成为当下最热门的专业之一,已有500多所院校新设相关专业,远超设置航空相关专业的综合性大学数量。

目前国内无人机教育仍然处在探索和起步阶段,伴随着近年来国内无人机市场的井喷发展,无人机人才需求缺口也日益凸显,尤其是无人机技能人才缺口更大。从不同层次的学科培养角度,院校需要区分高等教育和职业教育的特点,进而达到有针对性的教育目的,实现人才培养和供给的多元化。随着人力资源和社会保障部把无人机驾驶员作为13个新职业之一,无人机应用成为新热点,具备实际操作能力的无人机操控及维护人员将成为炙手可热的人才。在我国就业形势异常严峻的大背景下,无人机应用技术人才成为国家紧缺人才之一,专业无人机操控技能将显示出超强的竞争力,学习和参与无人机的人数逐年上涨。2019年,无人机装调检修工再次成为新兴职业,新增无人机专业(或无人机方向)的中高职院校将很快超过1000所。但是与通用航空事业已经较成熟的发达国家相比,与建设现代化经济体系、建设科技强国的要求相比,我国无人机职业教育还存在着体系建设不够完善、无人机职业技能实训基地建设有待加强、制度标准不够健全、企业参与办学的动力不足、技术技能人才成长的配套政策尚待完善、办学和人才培养质量水平参差不齐等问题。

为贯彻落实《职业学校校企合作促进办法》《国家职业教育改革实施方案》等文件精神，推动无人机职业教育事业发展，提高职业教育发展水平，完善高层次应用型人才培养体系，促进校企产教融合，为企业培养具有良好职业素质的应用型人才，中国航空学会组织40余位航空科技，尤其是无人机科研和教育方面的专家编写了本系列教材，希望为无人机技能人才培养提供参考支撑。这是中国航空学会作为我国航空科技领域最具影响力的科技社团的使命与职责。

本系列教材得到了北京小飞手教育科技有限公司和圆梦天使（北京）教育科技有限公司的大力支持，在此深表感谢。

中国航空学会理事长

前 言

近年来,无人机技术日渐成熟,特别是处理器和传感器性能的提高与成本的减少,使民用无人机的研发与生产门槛极大降低,无人机在农业、警巡、测绘、航拍、减灾等领域的应用日趋广泛,为众多传统行业工作方式提供了新的方法和手段。同时,无人机行业高速发展的背后也存在一定的安全隐患,例如干扰正常航运、侵犯个人隐私、造成意外伤害等。

为避免公众安全受到无人机飞行的影响,国家相关部门制定了一系列的法律法规,并随着科技的进步,无人机飞行安全技术的更新迭代随时进行修改和调整,以此来适应无人机行业的发展需要。在无人机操控工作中,除了严格遵循法律法规作业外,还需要加强无人机从业人员的安全意识培养,通过树立安全意识,严密组织、精心准备、周密安排、细心实施,保证飞行安全。编者旨在通过本书内容,带领学习者从航空基本概念开始,学习飞行安全相关理论和方法,了解影响无人机飞行安全的气象环境和电磁环境知识,掌握民航及无人机飞行相关规定,为培养安全意识,保障无人机飞行安全打下基础。

本书主要包括七章内容,第一章介绍航空基本概念以及民用无人机的典型应用;第二章介绍飞行安全基本知识,包括影响民用无人机飞行安全的因素、飞行安全的基本理论以及三种飞行安全管理方法;第三章和第四章分别介绍气象环境和电磁环境对无人机飞行安全的影响;第五章以无人机飞行手册为抓手,介绍无人机飞行的正常操控程序、应急操控程序、飞行性能与限制、重量、配平、载荷清单以及运行、保养和维护等知识;第六章飞行器活动的管理组织,介绍了国际民用航空的组织体系和中国飞行组织体系;第七章介绍了民用航空法、我国的航空法规文件体系以及我国现行无人机专题规定。另外本书还摘录了部分管理法规原文,供学习者参考阅读。

本书由史彦斌、朱熙担任主编,管祥民、何桢担任副主编。本书适用于开设无人机应用技术专业的职业院校教学使用,也可供使用无人机开展农林喷洒、地理测绘、航空测绘、航拍摄影、防灾减灾、气象探测等作业的人员参考使用。

由于无人机的发展日新月异,其行业应用前景十分广泛,影响飞行安全的人—机—环境因素众多,本书内容难以做到周全。由于编者水平有限,书中若有疏漏之处,敬请读者批评、指正。

本书教学课件

编 者
2021 年 4 月

目　录

第一章　绪论 ·· 1

　第一节　航空 ·· 1
　　一、航空基本概念 ·· 1
　　二、通用航空 ·· 3
　　三、机场基本知识 ·· 4
　　四、通用航空机场 ·· 5
　　五、空域 ··· 6
　第二节　无人机的典型应用 ··· 12
　　一、农业方面的应用 ··· 12
　　二、减灾方面的应用 ··· 12
　　三、测绘方面的应用 ··· 13
　　四、气象方面的应用 ··· 14
　　五、航拍方面的应用 ··· 14
　思考题 ·· 15

第二章　飞行安全基础知识 ··· 16

　第一节　飞行安全的基本概念 ··· 16
　第二节　影响飞行安全的因素 ··· 19
　　一、人的因素 ·· 19
　　二、无人机的因素 ·· 20
　　三、飞行环境的影响 ··· 20
　第三节　飞行安全基本理论 ··· 21
　　一、事故预防理论 ·· 21
　　二、事故致因理论 ·· 21
　　三、系统安全理论 ·· 22

  第四节 飞行安全管理 ··· 23
    一、安全文化管理 ··· 23
    二、安全风险管理 ··· 24
    三、安全制度管理 ··· 24
  思考题 ··· 25

第三章 气象环境与无人机飞行安全 ································· 26

  第一节 大气气象环境 ··· 26
    一、对流层 ·· 26
    二、平流层 ·· 28
  第二节 典型气象条件及对无人机飞行的影响 ······················· 28
    一、阵风 ·· 28
    二、低空风切变 ··· 29
    三、微下击暴流 ··· 30
    四、龙卷风 ·· 30
    五、降水 ·· 31
    六、积冰 ·· 32
    七、影响能见度的天气现象 ·· 34
  第三节 危险天气评估 ··· 35
    一、风 ·· 35
    二、降水 ·· 37
    三、积冰 ·· 38

第四章 电磁环境与无人机飞行安全 ································· 39

  第一节 复杂电磁环境 ··· 39
    一、自然电磁环境 ··· 40
    二、人为电磁环境 ··· 41
  第二节 复杂电磁环境对无人机的影响 ······························· 41
    一、内部电磁环境对无人机生存的影响 ··························· 42
    二、外部电磁环境对无人机生存的影响 ··························· 42
  第三节 无人机的电磁防护 ··· 43
  思考题 ··· 44

第五章 无人机飞行手册 ··· 45

  第一节 正常飞行程序 ··· 45
    一、正常飞行的基本控制方法 ····································· 45
    二、各飞行阶段的操作程序与指令 ································ 46
    三、操作指令表 ··· 46
    四、检查单 ·· 46

第二节 应急飞行程序 46
一、应急情况评估 47
二、应急航线规划 47
三、应急程序操作 48

第三节 飞行性能与限制 49
一、飞行性能 49
二、飞行限制 50

第四节 质量、配平、载荷清单 51
一、质量与配平 51
二、任务载荷清单 52

第五节 运行、保养和维护 53
一、对地面保障设备工具的基本要求 53
二、安全规则 53
三、无人机系统机务准备 53
四、无人机各分系统设备的保管 54
五、预防性维护、修理和更换 54

第六章 飞行器活动的管理组织 55

第一节 国际民用航空组织的组织体系 55
一、国际民用航空组织 55
二、国际航空运输协会 58

第二节 中国飞行组织体系 59
一、国家空中交通管制委员会 59
二、军方空中管制部门 60
三、中国民用航空局 61
四、中国民用航空安全监督管理局 66

思考题 67

第七章 相关法律法规 68

第一节 民用航空法概述 68
一、民用航空法的调整对象 69
二、民用航空法的特点 69
三、民用航空法的渊源 70
四、领空与领空主权 71

第二节 我国航空法规文件体系 72
一、《中华人民共和国民用航空法》 72
二、航空法令性文件 73
三、中国民用航空规章 74

第三节 我国现行无人机专题规定 75

一、常用基本概念 …………………………………………………………… 75
　　二、无人机相关主要规定 …………………………………………………… 76
　思考题 ………………………………………………………………………………… 80

附录 …………………………………………………………………………………… 81

　附录1　民用无人驾驶航空器系统空中交通管理办法 ………………………… 81
　附录2　民用无人机驾驶员管理规定 …………………………………………… 85
　附录3　轻小型无人机运行规定（试行） ………………………………………… 94
　附录4　民用无人驾驶航空器经营性飞行活动管理办法（暂行） ……………… 99
　附录5　低空空域使用管理规定（试行）（征求意见稿） ………………………… 101
　附录6　无人驾驶航空器飞行管理暂行条例（征求意见稿） …………………… 107
　附录7　《无人驾驶航空器飞行管理暂行条例（征求意见稿）》的说明 ………… 116

参考文献 ……………………………………………………………………………… 119

第 一 章

绪 论

航空是一种在国计民生中发挥重要作用的社会服务模式,是与铁路、公路、水运并列的四大主要交通运输方式之一,是高科技发展的重要载体。近年来,随着我国经济稳步发展和低空空域逐步放开,通用航空体量出现井喷式增长,在经济活动中的作用日益突出。本章首先对航空活动,特别是通用航空的基本知识进行介绍;然后对通用航空的重要形式——无人机飞行在各行业中的相关典型应用进行介绍。

第一节 航 空

一、航空基本概念

航空活动是指飞行器在地球大气层(空气空间)中的飞行(航行)活动,涉及科研教育、工业制造、公共运输、专业作业、航空活动、国防军事、政府管理等众多领域。航空活动可进一步细分为众多独立的行业,典型的有航空制造业、民用航空业等。这一概念的内涵极其丰富和多变,因此人们经常会从各自不同的领域使用这一词语。航空活动分类如图1.1所示。

航空器是飞行器中的一个大类,是指通过机身与空气的相对运动,而不是借助空气对地面发生的反作用来获得空气动力升空飞行的任何机器,包括气球、飞艇、飞机、滑翔机、旋翼机、直升机、扑翼机、倾转旋翼机等,其中飞机是最常见的一种航空器。值得注意的是,无动力装置的滑翔机、以旋翼作为主要升力面的直升机以及在大气层外飞行的航天飞机都不属于飞机的范围。

民用航空是当前航空活动中最主要的一部分,是指使用航空器从事除国防、公安和海关等国家航空活动以外的航空活动。民用航空活动以"使用"航空器界定了它和航空制造业的界限,用"非军事等性质"表明它和军事航空等国家航空活动不同。民用航空主要分为公共

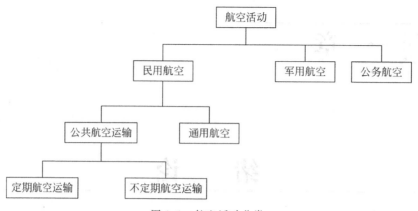

图 1.1　航空活动分类

运输航空和通用航空两大类。民用航空基本要求是安全可靠,对定期航空运输中的客运和通用航空的通勤、公务飞行来说,还要求准时和舒适。

目前,公共航空运输是民用航空的主体,下文作简要介绍。

公共航空运输是指公共航空运输企业使用民用航空器经营的旅客、行李或者货物的运输,包括公共航空运输企业使用民用航空器办理的免费运输。公共航空运输企业是指以营利为目的使用民用航空器从事旅客、行李、货物、邮件运输的企业法人。公共航空运输企业的组织形式、组织机构适用《公司法》的规定。

公共航空运输企业应当以保证飞行安全和航班正常,提供良好服务为准则,采取有效措施,提高运输服务质量。公共航空运输企业应当教育和要求本企业职工严格履行职责,以文明礼貌、热情周到的服务态度,认真做好旅客和货物运输的各项服务工作。旅客运输航班延误的,应当在机场内及时通告有关情况。

公共航空运输企业申请经营定期航班运输(以下简称航班运输)的航线,暂停、终止经营航线,应当报经国务院民用航空主管部门批准。公共航空运输企业经营航班运输,应当公布班期时刻。公共航空运输企业从事不定期运输,应当经国务院民用航空主管部门批准,并不得影响航班运输的正常经营。公共航空运输企业的营业收费项目,由国务院民用航空主管部门确定。国内航空运输的运价管理办法,由国务院民用航空主管部门会同国务院物价主管部门制定,报国务院批准后执行。国际航空运输运价的制定按照中华人民共和国政府与外国政府签订的协定、协议的规定执行;没有协定、协议的,参照国际航空运输市场价格制定运价,报国务院民用航空主管部门批准后执行。

公共航空运输企业应当依照国务院制定的公共航空运输安全保卫规定,制定安全保卫方案,并报国务院民用航空主管部门备案。公共航空运输企业不得运输法律、行政法规规定的禁运物品。公共航空运输企业未经国务院民用航空主管部门批准,不得运输作战军火、作战物资。公共航空运输企业运输危险品,应当遵守国家有关规定。禁止违反国务院民用航空主管部门的规定将危险品作为行李托运。禁止以非危险品品名托运危险品。危险品品名由国务院民用航空主管部门规定并公布。公共航空运输企业不得运输拒绝接受安全检查的旅客,不得违反国家规定运输未经安全检查的行李。禁止旅客随身携带法律、行政法规规定的禁运物品乘坐民用航空器。禁止旅客随身携带危险品乘坐民用航空器。除因执行公务并按照国家规定经过批准外,禁止旅客携带枪支、管制刀具乘坐民用航空器。公共航空运输企业必须按照国务院民用航空主管部门的规定,对承运的货物进行安全检查或者采取其他保证安全的措施。公共航空运输企业从事国际航空运输的民用航空器及其所载人员、行李、货物应当接受边防、海关、检疫等主管部门的检查。但是,检查时应当避免不必要的延误。公共航空运输企业应当依照有关法律、行政法规的规定优先运输邮件。公共航空运输企业应当投保地面第三人责任险。

二、通用航空

(一)通用航空概念

通用航空(general aviation,GA)是指使用民用航空器从事公共航空运输以外的民用航空活动,包括从事工业、农业、林业、渔业和建筑业的作业飞行以及医疗卫生、抢险救灾、气象探测、海洋监测、科学实验、教育训练、文化体育等方面的飞行活动。

通用航空业是以通用航空飞行活动为核心,涵盖通用航空器研发制造、市场运营、综合保障以及延伸服务等全产业链的战略性新兴产业体系。它是民航事业的两翼之一,在国家经济社会建设中具有不可替代的作用。近年来,中国通用航空产业稳步发展,截至2018年10月,中国通用航空机队在册总数为3229架,同比增长16.3%。其中,固定翼飞机2200余架(含公务机330架),占比68.1%;旋翼机940余架,占比29.1%;飞艇和热气球85架。在通用航空器飞行作业时间方面,截至2018年10月,全国通用航空飞行作业时间为85.9万小时,近5年年均增长约9%。其中,飞行培训、工农林作业飞行时间占比最多。

无人机也是通用航空的重要组成部分,具有通用航空的显著特点。中国的通航产业发展一直较为曲折。无人机作为通航产业的有机组成部分,某种程度上在该领域逐渐成为骨干和先锋的角色。全球运输机只有4万架,全球通用飞机40万架,而全球的无人机上百万架,无人机可能就是未来航空的发展趋势。

通用航空企业方面,截至2018年10月,中国获得通用航空经营许可证的通用航空企业达598家,同比增长73.3%,凸显了爆发式增长,这些企业主要集中在京津冀、长三角、珠三角、中原、川陕、东北地区。

(二)通用航空基本信息

从事通用航空活动,应当具备下列条件:
(1)拥有符合飞行安全要求、与所从事的通用航空活动相适应的民用航空器;
(2)有必需的依法取得执照的航空人员;
(3)符合法律、行政法规规定的其他条件。

从事非经营性通用航空业务的,应当向国务院民用航空主管部门办理登记。从事经营性通用航空业务的,应当向国务院民用航空主管部门申请领取通用航空经营许可证,并依法办理工商登记;未取得经营许可证的,工商行政管理部门不得办理工商登记。

通用航空企业从事经营性通用航空活动,应当与用户订立书面合同,但是紧急情况下的救护或者救灾飞行除外。组织实施作业飞行时,应当采取有效措施,保证飞行安全,保护环境和生态平衡,防止对环境、居民、作物或者牲畜等造成损害。

（三）通用航空活动分类

2020年新修改的《通用航空经营许可管理规定》（交通运输部令2020年第18号）中列出了三大类经营性通用航空活动。

（1）载客类，是指通用航空企业使用符合民航局规定的民用航空器，从事旅客运输的经营性飞行服务活动。

（2）载人类，是指通用航空企业使用符合民航局规定的民用航空器，搭载除机组成员以及飞行活动必需人员以外的其他乘员，从事载客类以外的经营性飞行服务活动。

（3）其他类，是指通用航空企业使用符合民航局规定的民用航空器，从事载客类、载人类以外的经营性飞行服务活动。

载客类经营活动主要类型包括通用航空短途运输和通用航空包机飞行。载人类、其他类经营活动的主要类型由民航局另行规定。

三、机场基本知识

（一）机场基本概念

机场，亦称飞机场、空港，较正式的名称是航空站。机场有不同的大小，除了跑道之外，机场通常还设有塔台、停机坪、航空客运站、维修厂等设施，并提供机场管制、空中交通管制等其他服务。

机场可分为"非禁区"和"禁区"（管制区）范围。非禁区范围包括停车场、公共交通车站、储油区和连外道路，禁区范围包括所有飞机进入的地方，包括跑道、滑行道、停机坪和储油库。大多数机场都会在非禁区到禁区的中间范围做严格的管控。搭机乘客进入禁区范围时必须经过航站楼，在那里可以购买机票、接受安全检查、托运或领取行李，以及通过登机口登机。

（二）机场分类

机场按用途可分为军用机场、民用机场、军民合用机场和专用机场（指飞机制造厂、科研机构等单位专属或为某种特殊需要而专门设立的机场）；按使用航空器类型可分为飞机场和直升机场；按使用情况分为常驻机场和备用机场；按场基可分为陆地机场和水上机场；按机场海拔高度可分为平原机场和高原机场。

民用机场按使用性质又分为运输机场与通用机场两类，军用机场分为永备机场与野战机场两类。用于商业性航空运输的机场也称为航空港（airport），我国把大型民用机场称为空港，小型机场称为航站。

（三）飞行区等级

飞行区等级常用来指称机场等级。机场飞行区是为飞机地面活动及停放提供适应飞机特性要求和保证运行安全的构筑物的统称，包括跑道及升降带、滑行道、停机坪、地面标志、灯光助航设施及排水系统。

机场等级分类如表1.1所示。飞行区等级可以向下兼容，例如我国机场最常见的4E级飞行区常常用来起降国内航班最常见的4C级飞机（如空中客车A320、波音737等），飞机一般使用跑道长度一半以下（约1500m）即可离地起飞或使用联络道快速脱离跑道。在天气与跑道长度允许的情况下偶尔可在低等级飞行区起降高等级飞机,例如我国大部分 4E 级机场均可以减载起降 4F 级的空中客车 A380 飞机,但这会造成跑道寿命降低,并在起降后需要人工检查跑道道面。

表 1.1　机场等级分类表　　　　　　　　　　单位:m

飞行区代码	代表跑道长度	飞行区代号	翼展	主起落架外轮间距
1	$L<800$	A	$WS<15$	$T<4.5$
2	$800 \leqslant L<1200$	B	$1 \leqslant WS<24$	$4.5 \leqslant T<6$
3	$1200 \leqslant L<1800$	C	$2 \leqslant WS<36$	$6 \leqslant T<9$
4	$L \geqslant 1800$	D	$3 \leqslant WS<52$	$9 \leqslant T<14$
		E	$5 \leqslant WS<65$	$9 \leqslant T<14$
		F	$6 \leqslant WS<80$	$14 \leqslant T<16$

注:4F 级飞行区配套设施必须保障空中客车 A380 飞机全重(560t 起降)。

增加跑道长度有利于在气象条件不佳时降落、刹车反推失效或错过最佳接地点的情况下避免冲出跑道,也有利于在紧急中断起飞的情况下利用剩余跑道长度减速刹车。增加跑道宽度有利于在滑跑偏离跑道中心线的情况下有较大修正余地,避免飞机冲出跑道。

四、通用航空机场

(一)通用航空机场定义

通用航空机场是指专门为民航的"通用航空"飞行任务起降的机场,专门承担除个人飞行、旅客运输和货物运输以外的其他飞行任务,比如公务出差、空中旅游、空中表演、空中航拍、空中测绘、农林喷洒等特殊飞行任务。

(二)通用航空机场的现状特点

通用航空又称"专业类航空",主要承载 1000m 以下的专业飞行。通用机场包括可供飞机和直升机起飞、降落、滑行、停放的场地和有关的地面保障设施。由于执行通用航空飞行任务的飞行器大都是小型飞机、轻型飞机、直升机等,所以通用机场的跑道导航设施往往比较简陋,通用机场的净空环境往往也比较差,一般不具备大型民航飞机起降的条件。

在通航机场数量方面,截至 2018 年 10 月,全国已取证通航机场 183 个,其中 A 类机场 76 个,B 类 107 个,适航许可临时起降点 197 个,共达到 380 个。2018 年共增加取证机场 109 个,一举突破前几年"原地踏步"的窘境。

(三)通用航空机场的运营模式

1. 国有外包类建设运营模式

外包模式在我国运输机场开展通航业务的经营中较为常见,特别是对于定期运输航班数量有限而通航业务量相对较大的机场,例如舟山普陀山机场。该机场所有权归属舟山市,通航业务则由舟山机场集团下属的舟山岛际航空服务有限公司经营。由于优越的地理位置和良好的空域环境,舟山普陀山机场已成为华东乃至全国最繁忙的通用航空机场和综合保障基地之一。

2. 完全私有化建设运营模式

随着近年来我国通用航空事业的爆发式增长，通航企业运营中受到的来自机场的制约愈加明显。由于通航飞机"低、慢、小"的特点以及对时刻、机位资源的挤占，繁忙的机场一般不接受通用航空器的飞行申请，而偏低的通航保障收费标准进一步降低了机场的积极性。为解决运营基地方面的限制，部分私营通航企业选择自己建设通航机场。这类通航机场建设的出发点是保障自有通航运营，如江苏若尔通航、精工通航等企业纷纷规划建设通航机场以支持自己的运营业务，凭此形成竞争优势。由于目前没有建设补贴，私营企业独立承担较高的机场审批和建设成本，也决定了机场对外收费高的局面。同时，由于其业务主要定位于自建自用，业务量有限，这类通航机场经营情况大多比较惨淡。

五、空域

无人机是在地表以上空间飞行的，在这个空间并不是可以随便飞、肆意飞。全球所有国家都对地表以上明确范围的空气空间（空域）进行了相应的分类与管理。

（一）空域的概念

空域是指根据飞行训练和作战的需要而划定的一定范围的空间。通常以明显地标或导航台为标志。训练空域分为驾驶术飞行空域、射击飞行空域、低空/超低空飞行空域、海上飞行空域、等待空域等。作战空域分为待战空域、会合空域和巡逻空域等。

空域是国家领空的一部分，具有主权属性。空域是进行空中航行和运输以及保卫国家领土主权与国家安全的重要领域，国家对其领空内所有空域实施完全管辖和控制，有权禁止或允许外国航空器通过或降落。我国陆地领土、内海、领海的上空为我国的领空，由我国空管部门对我国领空范围内所有飞行活动提供管制服务。

（二）空域用户

空域用户是指按照航空法规规定的程序使用空域的法人和自然人，是空管部门提供管制服务的对象主体。空域用户依法享有使用空域的权利，并应当遵守国家的航空法规，认真履行各项义务，按照有关规定申请和使用空域，及时向空域管理部门建立可靠的信息渠道，积极向空域管理部门提出对空域管理的意见和建议；组织实施飞行活动时，对飞行安全负责。空域管理部门应向空域用户提供必要的空域使用信息和相关服务。

按用途类型划分，公共运输航空、通用航空和军事航空是三类主要空域用户。不同的空域用户根据其运行目的选择作业的航空器类型不一样，所使用的飞行空域也不一样。

（三）空域分类

空域分类的目的是满足公共运输航空、通用航空和军事航空三类主要空域用户对不同空域的使用需求，确保空域得到安全、合理、充分、有效的利用。空域分类是复杂的系统性标准，包括对空域内运行的人员、设备、服务、管理的综合要求。

1. 国际民航组织空域分类

国际民航组织（international civil aviation organization，ICAO）标准中把空域分为七类，分别为 A、B、C、D、E、F、G 类。分类标准涉及 IFR（instrument flight rules，仪表飞行规则）和 VFR（visual flight rules，目视飞行规则）的概念。IFR 一般用于高空和恶劣天气情况

下的飞行；VFR 与 IFR 相对,在 IFR 不可用时使用,如自动驾驶仪损坏。多数小型飞机上都没有 IFR 设备,这时使用 VFR。干线飞机都按照 IFR 飞行。

A 类空域：只允许 IFR 飞行。要求实现地空双向通信,进入空域要进行空中交通管制(air traffic control,ATC)许可,对所有 IFR 飞行均提供空中交通管制服务,并在所有航空器之间配备间隔。

B 类空域：允许 IFR 和 VFR 飞行,对所有飞行均提供空中交通管制服务,并在航空器之间配备间隔。即 B 类允许 IFR 和 VFR 飞行,其他同 A 类。

C 类空域：允许 IFR 和 VFR 飞行,管制员在 IFR 与 IFR 飞行以及 IFR 与 VFR 飞行之间配备间隔,提供空中交通管制服务。在 VFR 与 VFR 飞行之间只接收关于所有其他飞行的交通情报,管制员不为其提供间隔。

D 类空域：允许 IFR 和 VFR 飞行。管制员为 IFR 飞行与其他 IFR 飞行之间配备间隔,提供空中交通管制服务。IFR 接收关于 VFR 飞行的交通情报。VFR 飞行接收关于所有其他飞行的交通情报。

E 类空域：只需要 IFR 飞行实现地空双向通信,VFR 飞行进入空域不需要 ATC 许可,其他同 D 类；E 类空域允许 IFR 和 VFR 飞行,对 IFR 飞行提供空中交通管制服务。所有飞行均尽可能接收交通情报。E 类空域不得用于管制地带。

F 类空域：对 IFR 飞行提供交通资讯和情报服务,对 VFR 飞行提供飞行情报服务,所有航空器进入空域都不需要 ATC 许可,其他同 E 类；F 类空域允许 IFR 和 VFR 飞行。所有 IFR 飞行者均接受空中交通咨询服务。如要求,可提供飞行情报服务。

G 类空域：不需要提供间隔服务,对飞行提供飞行情报服务,只需要 IFR 飞行实现地空双向通信,进入空域不需要 ATC 许可,其他同 F 类。如要求,可提供飞行情报服务。

由 A 到 G,空域的限制等级逐渐递减。

各国会选择适合它们需要的空域种类,但不一定要包括所有的种类。比如,美国空域系统分为 A、B、C、D、E 和 G 六级,澳大利亚空域系统分为 A、C、D、E、G 五级。国际民用航空组织没有规定各类空域的水平范围和垂直范围。美国 A 类空域和澳大利亚 A 类空域提供的服务一样,但是空域的空间范围有差别。我国当前并没有采用 ICAO 建议的空域分类方式。

2. 我国民用航空的空域分类

我国主要参照《中国民用航空局令第 122 号——民用航空使用空域办法》对空域进行划分。对于民用空域,如航路、航线地带和民用机场区域可设置高空管制区、中低空管制、终端(进近)管制区和机场塔台管制区,管制区是需要进行交通管制服务的区域。我国将管制区域分为 A、B、C、D 四类。

A 类空域：高空管制区,高度为 6600m 以上高空。高空管制区由高空区域管制室负责。在高空管制区只允许 IFR 飞行。

B 类空域：中低空管制区,高度为 6600m 以下的空域。接受 IFR 和 VFR 飞行,但 VFR 飞行须经航空器驾驶员申请并经中低空区域管制室批准。

C 类空域：进近管制空域,通常设置在一个或几个机场附近的航路汇合处,也是中低空管制区与塔台管制区的连接部分。其高度为 6000m 以下最低高度层以上,水平范围通常以机场基准点为中心、半径50km或走廊进出口以内的除机场塔台管制范围以外的空间。

D类空域：塔台管制区，通常包括起飞航线、第一等待高度层及以下、地球表面以上的空间和机场机动区。

在我国境内、毗连区、专属经济区及其毗连的公海的上空划分若干飞行情报区。

3. 空中交通服务空域的分类

根据国际民用航空组织中的相关内容："将要提供空中交通服务的部分空域和管制机场必须按照所提供的空中交通服务对那部分空域或此机场予以指定"，通常空中交通服务（air traffic service, ATS）空域可指定为飞行情报区、管制区、管制地带和管制机场。

1) 飞行情报区

根据中国民用航空局发布的《中国民用航空空中交通管理规则》（第三次修订），"飞行情报区"是指为提供飞航情报服务和告警服务而划定范围的空间。

根据实施空中交通业务的需要，大多数国家将其所辖空域划成若干飞行情报区。公海上空的飞行情报区则是根据国际民用航空组织地区航行协议划分的，并委托《国际民用航空公约》的缔约国提供空中交通业务。

飞行情报区的范围除了该国的领空外，通常还包括邻近的公海。与防空识别区不同的是，飞航情报区主要是以航管及飞航情报服务为主，有时因为特别的原因会切入邻国领空。飞行情报区内的飞行情报和告警服务由有关的空中交通管制单位负责提供。

为了便于对在中国境内和经国际民航组织批准由中国管理的境外空域内飞行的航空器提供空中交通管制，全国共划分出11个飞行情报区。

东北地区：沈阳飞行情报区；

华北地区：北京飞行情报区；

华东地区：上海飞行情报区、台北飞行情报区；

中南地区：武汉飞行情报区、广州飞行情报区、香港飞行情报区、三亚飞行情报区；

西南地区：昆明飞行情报区；

西北地区：兰州飞行情报区、乌鲁木齐飞行情报区。

2) 管制空域

管制空域（controlled airspace）是一个划定的空域空间，在其中飞行的航空器要接受空中交通管制服务。既允许有IFR也允许有VFR飞行，ATC（航空管制）机构负责提供所有飞行间的间隔。在天气条件许可时，目视飞行员也要自行保持间隔。

管制空域通常划设在飞行比较繁忙的地区、机场起降地带、空中禁区、空中危险区、空中限制区、地面重要目标、国（边）境地带等区域的上空。在此空域内的一切空域使用行为，必须经过飞行管制部门批准并接受飞行管制。

3) 终端区

终端区是管制区的一种，通常设在一个或几个繁忙机场附近的空中交通航路汇合处，上接航路管制区，下接机场管制地带。建立终端区的目的主要是为繁忙机场上空的以IFR飞行的航空器提供空中交通服务，保证其安全、有序、经济地飞行。

终端区的水平形状与为IFR航空器设计的标准和标准离场航线的方向相关，一般如果没有其他特殊空域和障碍物的限制，理想状态下，单个机场上空建设的终端区通常为圆柱形，允许航空器从各个方向飞至机场。终端区的下限最低离地（水面）200m，上限是高空管制空域的下限。若多个受管制的机场彼此距离较近,造成多个机场管制地带距离较近,从运行的角度上为了避免管制移交过于频繁,没有必要为每个机场建立单独的终端区,这时就会考虑建一个大终端来为多个机场服务,即多个机场上空共享一个终端区。

4) 管制机场

确定对机场交通提供空中交通服务的那些机场必须被指定为管制机场。我国所有的民用机场都是管制机场。

(四) 航路

1. 航路概念

航路是由国家统一划定的具有一定宽度的空中通道,若无宽度(要求飞机压线飞行)亦称为航线,有较完善的通信、导航设备,宽度通常为 20km。

航路分为国内航路和国际航路。国内航路供本国航空器使用,国际航路供本国航空器和外国航空器使用。划定航路的目的是维护空中交通秩序,提高空间利用率,保证飞行安全。在这个通路上,空中交通管理机构要提供必要的空中交通管制、航行情报服务和告警服务。

2. 航路代码

对飞机在航路内飞行必须实施空中交通管制。为便于驾驶员和空中交通管制部门工作,航路标有明确的名称代号。国际民用航空组织规定航路的基本代号由一个拉丁字母和 1~999 的数字组成。

(1) 地区性空中交通服务航路或国际航路,是根据国际民航组织亚太地区航行规划确定的或是由我国确定的对外开放航路,其航路走向是由地区航行会议确定,航路代码由国际民航组织亚太地区办事处指定,分别为 A、B、G、R。

(2) 地区性区域导航航路同样由国际民航组织亚太地区航行规划确定,航路代码由国际民航组织亚太地区办事处指定,为 L、M 和 N。

(3) 国内空中交通服务航路由国家确定并指定代码,分别为 H、J。

(4) 国内区域导航航路由国家确定并指定代码,分别为 Q(航向 180~359)、Y(航向 360~179)和 T(双向)。

(5) 对于规定高度范围的航路或供特定的飞机飞行的航路,则可在基本代号之前增加一个拉丁字母,如 K 用于表示直升机低空的航路,U 表示高空航路,S 表示超声速飞机用于加速、减速和超声速飞行的航路。也可在基本代号之后增加一个拉丁字母,如 D 用于表示航路(或者部分航段)只提供咨询服务,F 用于表示航路、航线或者部分航段只提供飞行情报服务。

A、B、C、R 用来表示国际民用航空组织划分的地区航路网(如亚太地区)的地基导航航路,H、J、V、W 则表示不属于地区航路网的地基导航航路。

3. 低空航路

最初建立的航路为低空航路(6000m 以下),航路的导航设施为低频、中频导航台和无线电四航道信标台,20 世纪 50 年代后期逐渐被全向信标(VOR)和伏塔克(VORTAC)代替。喷气式飞机投入航空运输飞行后,使用测距机(VOR/DME)和伏塔克建立起涵盖/覆盖 6000m 和以上高度的高空航路。随着空中交通密度的增大,为了使航路能有更大的容纳量,减少航班飞行的延误,对航路内的飞行实施雷达管制,以缩小航路上飞机之间的间隔。

另外,在飞机上增加区域导航系统,以便在根据全向信标/测距机建立的航路两侧建立平行航路——区域导航航路。这样,不仅减轻了主航路的空中交通压力,增加了同向飞行的总交通量,而且使飞机进出机场区域的飞行更加机动和安全。

(五) 航线

1. 航线与航线分类

飞机飞行的路线称为空中交通线,简称航线。飞机的航线不仅确定了飞机飞行的具体方向、起止点和经停点,而且根据空中交通管制的需要,规定了航线的宽度和飞行高度,以维护空中交通秩序,保证飞行安全。

按照飞机飞行的起止点,航线可分为国际航线、国内航线和地区航线三类。

(1) 国际航线是指飞行路线连接两个或两个以上国家的航线。

(2) 国内航线是指在一个国家内部的航线,又可分为干线、支线和地方航线三大类。

(3) 地区航线指在一国之内,连接普通地区和特殊地区的航线,如中国内地/大陆与港、澳、台地区之间的航线。

2. 航路与航线的区别

航线是飞机飞行的路线,称为空中交通线。航路是由国家统一划定的具有一定宽度的空中通道,有较完善的通信、导航设备,宽度通常为20km。

两者的主要区别就是航路有宽度,航线没有宽度,即航路是有宽度且比较繁忙的航线。比较繁忙的空中路线就会设立航路,因为飞机较多,需要采用侧向偏置,所以会有宽度。在更繁忙的路段还会设立空中走廊。

(六) 低空空域

我国的低空空域是指(真高)(即以飞机正下方地平面为基准测量的高度)1000m以下的空间范围,是通用航空(无人机)活动的主要区域,是国家重要的战略资源。低空空域范围划分可根据不同地区特点和实际需要做适当调整。2016年5月17日,国务院办公厅出台《关于促进通用航空业发展的指导意见》,将低空空域范围从2010年认定的真高1000m以下提升到3000m以下,这意味着通用航空活动空间被大幅提升。

根据管制服务内容,低空空域分为三类:管制空域、监视空域和报告空域。低空空域的划设,由中国人民解放军空军参谋部提出方案,报国家空管委审批。

(七) 机场净空区

1. 定义

机场净空区是指为保证航空器起飞、着陆和复飞的安全,在机场周围划定的限制地貌和地物高度的空间范围。机场净空区由升降带、端净空区和侧净空区构成,其范围和规格根据机场等级确定。

升降带是为保证飞机起飞、着陆、滑跑的安全,以跑道为中心在其周围划定的一个区域;端净空区是为保证飞机起飞、爬升和着陆下降安全限制障碍物高度的空间区域;侧净空区是从升降带和端净空区限制面边线开始至机场净空区边线所构成的限制障碍物高度的区域,由过渡面、内水平面、锥形面和外水平面组成。

图1.2所示为机场净空区平面图及剖面图。

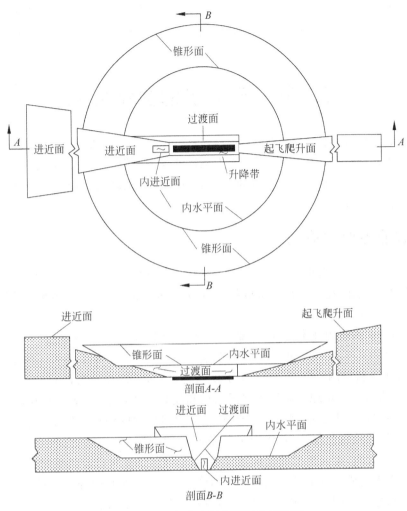

图 1.2 机场净空区平面图及剖面图

2. 特点

净空区的底部是椭圆形,以跑道为中线,它的长度是跑道的长度加上两端各 60m 的延长线;椭圆形的宽度在 6km 以上。净空区以其底部向外向上呈立体状延伸。同时,在跑道的两端向外划出一个通道,这个通道的底面叫进近面,沿着下滑道水平延伸 10km 以上,由这个水平面同时向上延伸形成一条空中通道。由这些平面围成的空间是为飞机起降专用的,任何其他建筑物和障碍物均不得伸入这个区域,风筝和飞鸟也在严禁之列。接近此区域的楼房、烟囱等在高度上都有限制,而且在顶部要漆上红白相间的颜色、装上灯光或闪光灯,目的都是便于飞行员识别,防止碰撞。

(八)禁飞区

禁飞区(no-fly zone)又称禁航区,是指某一领地的上空禁止任何未经特别申请许可的飞行器飞入或飞越的空域。

禁飞区有多种情况,一种是主权国家在特殊情况下或特殊时段对其领空范围内的特定空域采取的限制飞行的管制措施,这种禁飞区的建立是国家主权所赋予的权力;另一种是在发生冲突的情况下,某个或某些国家或组织在冲突地域划定的特殊限制空域,限制冲突相关方的飞行器在管制空域内的飞行活动,只有在国际组织授权的前提下建立这种禁飞区才具有合法性。

第二节　无人机的典型应用

无人机飞行是通用航空中科技含量较高、备受大众关注的重要形式。近年来,随着科学技术的发展,无人机技术越来越成熟,使无人机逐渐走进人们的生活。无人机应用不再局限于军事方面,在民用领域也得到了广泛推广。目前,在农业、减灾、测绘、气象、航拍等领域,无人机应用已经十分广泛。

一、农业方面的应用

在农业方面,植保无人机主要应用于农作物的播种(授粉)、撒药、施肥以及农情监测等方面,无论与人工相比,还是与传统机械相比,在减少农药的使用、节省用水以及提升农药利用率方面都有明显的优势。

最常用的是农药喷洒技术,国内大疆、零度两家企业对植保无人机进行了大量研究。大疆植保无人机"MG-1",实现了防尘、防水、防腐蚀的功能,作业效率是人工喷洒的40倍以上;零度植保无人机"守护者-Z10",采用了模块化设计,单次作业时间可达15min,每次作业覆盖面积可达15亩①田地。利用植保无人机和配套施药技术,使无人机在农药喷洒上得到广泛应用,不仅可用于小麦、水稻、玉米、棉花等大田作物的病虫害防治,还可以用于化学除草、叶面施肥、喷施棉花落叶剂、作物病虫害防治、灭蝗等。

在农情监测方面,无人机配置相应的传感器,通过传感器可以监测植物吸收和反射特定波长的光,采用光谱成像技术形成颜色对比图像,直观地反映有问题的区域,可以对农作物疾病、农作物水分、土壤湿度等进行评估。通过对农作物疾病分析,可以获得最佳的防治策略;通过对农作物水分监测可以准确评估农作物生长状态,以及采取及时的应对措施;对土壤湿度进行监测,对农业节水技术的发展有促进作用。

无人机在农业方面的优势:在农药喷洒方面,与大型机械喷洒相比,减少对农作物的损伤,保证作物的产量;与常规的人工作业相比,不仅可以保证作业人员的安全,还可以保证喷洒农药的适量性,大大提高了农药喷洒效率。此外,无人机作业覆盖率高,可以节水节药,并且因为作业高度低从而减少农药对环境的污染。在农情监测方面,使用无人机不仅成本较低,而且具有较强的时效性和实用性,在我国土地辽阔、地形复杂的农业环境下具有很好的实用价值,利用无人机进行农情监测将大幅提高农作物的产量和品质。

二、减灾方面的应用

无人机在减灾方面也应用广泛,常被应用于突发灾害中。美国用"牵牛星""捕食者"无人机参与森林大火救援,还用无人机进行飓风监测和灾后搜救;法国警方用无人机参与人

---

① 1亩≈666.7m²。

质劫持事件的救援行动；以色列使用"火鸟"无人机探测火情。针对救援情况，国外还针对灾后搜救、海上救援研制了利用 WiFi 信号搜救并通过网络远程救援的陆地搜救无人机，以及可运送医疗器械、药品、能投放救生圈的海上救援等类型无人机。在国内，无人机也应用于各种灾难救援中，在汶川地震、玉树地震、云南盈江地震、四川雅安地震等灾难事件中都有无人机的身影，通过无人机遥感应急监测，进行低空航摄，对灾区地形地貌、受损情况进行空中排查。

无人机在地震、洪水、火灾等灾害中，可以通过携带多种传感器，实现废墟内的图、声、气、温等检测，有效锁定受害者的位置。另外，无人机可以克服复杂地形、飞越受阻道路，在不同的灾情中投放救生绳、牵引绳、救生圈、食物、水以及医疗设备，可以大大提高灾后搜救的效率。利用无人机对受灾地区的地形地貌、受损情况进行航拍，有助于了解当前灾害对建筑物、道路和其他基础设施的破坏程度，有利于灾后重建工作。

无人机在减灾方面的优势：无人机可自主飞行、长距离遥控，并且能传回高清晰度画面，可以在侦察、监控、运输小型物件方面代替载人直升机。另外，无人机体积小，成本低，可以实现大量部署、多点部署、快速部署，对灾情的反应速度远远快于载人直升机和其他地面交通工具。无人机救援可以辅助或代替救援人员，避免二次倒塌等给处于险境的人员带来二次伤害，同时可以降低救援人员的风险。

三、测绘方面的应用

随着无人机技术的发展，无人机在测绘领域被广泛应用，如国土测绘、三维数字城市建设、小城镇规划、应急救灾、森林资源监测、水利监测，为人类社会和城市建设创造出了众多现实价值。目前主要有三种不同的系统应用于测绘领域，包括无人机遥感系统、建立三维模型系统以及无人飞艇低空航测系统。

无人机遥感系统可以实现动态监测，快速获取测绘航摄数据，掌握监测区的详细情况，进行国土资源动态监测与调查、土地利用动态变化监测等，全面准确地掌握国土资源数量、质量、分布和变化趋势，引导土地资源合理开发和利用。

无人机搭载多镜头相机采集影像数据，可建立基于真实环境的三维城市模型。使用者可以利用无人机采集大量数据，建立对应的三维城市模型，进而对周边环境和地段进行分析，实现重点建筑物的选址和规划管理；还能通过三维形式展现监测区各项数据情况，让工作人员更直观、清晰、全面地了解各项数据信息，从而提高测绘测量工作质量。

针对复杂地区的测绘工作，还提出了一种无人飞艇低空航测系统。该系统采用了先进的数据处理软件，提高自动化水平，并且充分保证监测所获得图像的分辨度和清晰度。运用无人飞艇低空航测系统开展低空航拍操作，可确保快速、高效地获取测区内影像资料。工作人员可通过这些影像资料进行数据处理和分析，并将处理后的成果应用于城市规划设计、城镇建设、重大工程项目建设以及资源开发等方面。

无人机在测绘领域的优势：与传统工程测绘技术相比，无人机遥感技术应用操作更直观、更方便，使测绘工作更加自动、智能和高效。无人机有很强的机动性，能够快速完成指令，且测绘信息精度高。无人机受场地制约小，能够大范围应用，减少数据采集时间，从而提高工作效率。无人机能够在各种复杂环境下监测，且具有易于操作、灵活性好、测绘面积大的优势，能够帮助测绘人员完成各种复杂环境下的测量任务。

四、气象方面的应用

随着气象测量传感器以及数据处理技术的发展,无人气象探测技术得到了长足发展。在青藏高原以及无人区搭建环境监测基站以及进行维护是极为困难的,可以运用无人机新型空基观测平台来弥补基站的不足。针对近年来环境污染造成的雾霾影响,可以用无人机搭载先进的观测仪器观测高空的雾霾分布情况,同时也可以了解不同区域雾霾的输出情况,利用无人机来改进雾霾的防治工作。此外,还可以用无人机搭载中天火箭机载播撒系统,进入云层进行播撒作业,可以实现人工增雨。

通过无人机监测的气象数据主要有温度、气压、湿度、风、云、冰、湍流发生和大小、能见度等,经过对这些气象数据的监测,可以对恶劣天气、龙卷风、沙尘暴监测以及针对航天器发射与返回和重要武器试验环境监测发挥重要作用。无人机在气象监测方面主要有以下三种工作方式,一是通过无人气象直升机搭载常规气象传感器,通过水平方向、垂直方向和低飞,测量各高度层的气象数据;二是通过无人机遥感技术测量,搭载红外探测仪测量温度和水汽分布,搭载宽波微波辐射仪测量各种云图;三是通过无人气象直升机携带空投探空仪,通过数据中继来测量数据。

无人机气象监测的优点:成本低,性价比高,能够快速修复;小型无人机体积小、重量轻,相对于其他气象监测设备,不需要专门的机场起降;无人机应用在各种危险气象环境中进行监测,能减少人员伤亡的风险。此外,无人机的应用能够弥补卫星观测在精度上的不足,还可以作为卫星观测的校验手段。

五、航拍方面的应用

利用携带摄像装置的无人机进行航拍,在现实生活中得到了广泛应用。航拍摄影可以拍出普通摄像机难以捕捉到的角度,实现俯瞰的效果。近年来无人机航拍应用于生活中的各种场景,已为数百部电影、广告、电视节目和企业宣传拍摄了大量的空中场景,另外为旅游景点、高尔夫球场、开发区,以及大型户外活动、庆典、晚会都提供了空中场景的拍摄。

一般用于航拍的无人机都小巧轻便,只需要一个控制器,高端的甚至可以直接用手机进行操控。例如 Alpha CAM 无人机,只有手掌大小,具有跟随和自动驾驶功能,支持多种控制方式,如控制操作、智能手机以及语音控制,支持 360°环绕模式和全景拍摄模式,并且可以通过智能手机进行实时画面和照片预览。而对于专业摄影活动,譬如电影大片的拍摄,无人机的操作一般要有飞行员和摄影师参与。无人机航拍的地面控制系统,解放了飞行员和摄影师,飞行员专心对无人机进行飞行姿态的控制,执行预期航线,摄影师则可以通过地面控制系统遥控摄像机完成各种拍摄任务。

无人机航拍的优势:无人机航拍受天气影响小,方便灵活,可以迅速完成起降,且拍摄成像清晰,可以进入许多狭小空间。可以利用云台稳像系统提供高质量的画面。无人机还可以根据不同的拍摄任务选择不同的摄影设备,拍摄影像可以及时回传,地面摄影师可获取实时影像,能够缩短拍摄周期,相比于传统摄像机更加灵活高效。

思 考 题

1. 航空活动有哪些分类?
2. 通用航空相比于公共航空运输,有哪些主要区别?
3. 低空空域的主要特点有哪些?
4. 低空空域的充分利用对国家发展有什么好处?

第二章

飞行安全基础知识

无人机作为一种航空器,种类繁多,较有人机体积小、飞行灵活、操控简单。由于飞行器安全属于公众安全范畴,因此同样需要关注飞行安全问题。本章主要讲述与飞行安全有关的基本概念和基础理论,为后续进一步学习奠定基础。

第一节 飞行安全的基本概念

国际民航组织对安全的定义:安全是一种状态,即通过持续的危险识别和风险管理过程,将人员伤害或财产损失的风险降低并保持在可接受的水平或其以下。飞行安全,是指在训练和任务飞行活动中,无人员伤亡,无航空器或地面设施损毁。

人们对安全的认识经历了以下四个阶段。

(1) 无知(不自觉)的安全认识阶段。指工业革命以前,生产力和仅有的自然科学认知都处于自然和分散的状态。

(2) 局部的安全认识阶段。指工业革命以后,生产中已使用大型动力机械和能源,导致生产力与危害因素的同步增长,促使人们局部认识安全并采取措施。

(3) 系统的安全认识阶段。系统的安全认识阶段是由于形成了军事工业、航天工业,特别是原子能和航天技术等复杂的大型生产系统和机器系统,局部安全认识已无法满足生产生活中对安全的需要,必须发展与生产力相适应的生产系统并采取安全措施。

(4) 动态的安全认识阶段。随着当今生产和科学技术的发展,特别是高科技的发展,静态的系统安全技术措施和系统的安全认识即系统安全工程理论已不能满足动态过程中发生的具有随机性的安全问题,必须采用更加深刻的安全技术措施和安全系统认识。

安全的自然属性,指安全要素中那些与自然界物质及其运动规律相联系的现象和过程。

人类生产（含生活）活动是人与自然界进行能量和物质变换的过程。人是生产的主体，也是自然界演化出来的高度发展的物质。人在劳动活动中的体力、智力支出及其安全健康存在的条件，同样受到生物学规律的支配。人在生产过程中所使用的能量、设备、原材料和人工自然环境等物质因素发生机械的、物理的、化学的和生物学的运动变化和由此带来对人的不利影响，以及人们为控制危险因素所采取的物质技术措施，都遵循自然界物质运动规律。安全的自然属性，正是反映了人与自然关系中的物质属性和自然规律，属于自然科学的研究对象。

安全的社会属性，指安全要素中那些同人与人的社会结合关系及其运动规律相联系的现象和过程。人类生产从来不是个人的孤立行为，而是在人与人之间形成的一定社会关系条件下进行的社会生产活动。作为社会主体的人，不仅是生物人，更是社会人，即一定劳动生产力的承担者、一定生产关系（首先是利益关系）的承载者、一定政治关系和意识形态的体现者。正如马克思所说，人是"一切社会关系的总和"。因而，人的安全需要已不是动物式的本能或单纯的求生欲望，而是社会性的人在生产和社会活动中有目的、有意识的行为，是人们的社会地位、利益、思想观念和政治关系的体现。从物的方面来看，生产和安全活动中的物质因素虽然遵循自然规律，但它们也是由人所利用和支配的，依存于一定的社会因素和社会条件。例如，采用某种工艺、设备的安全投入，都是在一定社会条件下的人所决定的。安全的社会属性，正是反映人类生产活动中人与人的社会关系及其对安全的作用和机制，遵循社会运动规律，属于社会科学研究对象。为研究方便，可按社会结构的层次，将安全的社会属性分为生产力属性、利益关系属性、社会生活属性、文化属性和政治属性，它们之间是相互联系和相互作用的。

飞行安全是指航空器在运行过程中，不出现由于运行失当或外来原因造成航空器上的人员或者航空器损坏的事件。在无人机出现以前，飞行安全特指有人机的飞行安全。

事实上，由于航空器的设计制造与维护难免有缺陷，其运行环境包括起降场地、运行空域、助航系统、气象情况等又复杂多变，机组人员操纵也难免出现失误。

有人觉得，无人机飞行安全区别于有人机飞行安全的典型之处是，无人机在发生飞行事故时不会造成机上人员伤亡，但这个论点随着科技的发展即将被打破，无人机上也可以是"有人"的。除此之外，我们所说的无人机飞行安全不仅仅针对"飞行员"，更多的是指当无人机出现故障，给周边的人或事物甚至是特定的场所、建筑等带来的安全危害。

随着技术发展、军用技术外溢和成本下降，无人机在民用领域得到迅猛发展与应用，飞行活动日益增多，随之而来的违规飞行和坠机事故频发，严重威胁着航空安全、公共安全和国家安全。

（一）航空安全

航空安全是指牵涉航空的安全，概念包括调查与研究空难的原因，以及避免空难发生的措施，包括制定相关规例、培训相关员工及向公众进行相关教育。国际性的航空安全监管组织包括美国联邦航空局和欧洲航空安全局。

无人机的航空安全主要是防止无人机与有人机之间、无人机与无人机之间、无人机与障碍物之间发生飞行冲突造成空中相撞事故。现在许多无人机配备双目避障设备，在一定条件下遇到障碍物时可停止前行或自动绕开障碍物，以确保飞行安全。

民航局关于无人机空管与运行管理文件和咨询通告等有关规定明确要求，无人机应当在隔离空域内运行。未经批准,严禁在融合空域内运行。然而,近年来无人机违规飞行屡禁不止,全国各地曾多次出现因无人机"黑飞扰航"引发的案件,在机场地带、航路航线附近等禁飞区内操控者擅自起飞,造成航班避让、延误、异地备降,严重扰乱飞行秩序,威胁空中飞行安全。

航空安全还包括航空地面安全。航空地面安全是指围绕航空器运行而在停机坪和飞行区范围内开展生产活动的安全,如防止发生航空器损坏、旅客和地面人员伤亡及各种地面设施损坏事件;同时,还包括飞机维护、装卸货物及服务用品、航空器电池更换或加油等活动的安全。

(二) 公共安全

所谓公共安全,是指社会和公民个人从事和进行正常的生活、工作、学习、娱乐和交往所需要的稳定的外部环境和秩序。公共安全管理,则是指国家行政机关为了维护社会的公共安全秩序,保障公民的合法权益,以及社会各项活动的正常进行而做出的各种行政活动的总和。

无人机飞行给人们的工作带来诸多便利,也在一定程度上影响了我们的生活,涉及公共安全,带来安全隐患。一是无人机因操作失误、质量问题、受气象或电磁环境影响失控引起的坠机和炸机事件频频曝出,由此显现的安全和监管问题令人担忧,引发人们对公共安全的担忧;二是各种无人机的发展和使用,有可能使家中的私密空间、办公室的工作活动等受到监视,让人"无处藏身",给公众隐私保护带来威胁。

(三) 国家安全

国家安全是国家的基本利益,是一个国家处于没有危险的客观状态,也就是国家既没有外部威胁和侵害,也没有内部混乱和疾患的客观状态。当代国家安全包括 10 个方面的基本内容,即国民安全、领土安全、主权安全、政治安全、军事安全、经济安全、文化安全、科技安全、生态安全和信息安全。

常见的航拍无人机所拍的影像完全可以用于军事应用。一些处心积虑的人使用无人机进行非法测绘或对重要军事和政治目标进行航拍,误闯军事和重要目标禁区的事件也时有发生。因无人机造价低康、技术门槛低,国外一些恐怖分子将改造后的无人机装载爆炸物并远程操控使之在重要目标内爆炸,造成恶劣影响。因此,无人机用于恐怖活动带来的风险增大,已引发恐怖攻击的疑虑。图 2.1 为疑似恐怖分子改装的携带炸弹的无人机。

图 2.1 恐怖分子改装的无人机(图片源于 Twitter)

近年来，随着民用无人机市场的爆发式增长，民用无人机发展步入急速发展模式。但无人机的管控并未跟上技术发展的步伐，违规飞行对国家公共安全、飞行安全甚至空防安全构成了威胁，所以，国内外都关注并亟待解决无人机安全问题，各国纷纷颁发及更新各种规章制度来控制无人机的飞行活动，以此来寻找一条有效监管规范无人机飞行、让民用无人机有序发展的途径。

第二节　影响飞行安全的因素

随着飞行理论和实践研究的不断深入，人们逐步认识到影响飞行安全的因素主要包括人、机、环、管等多个方面，这些因素之间也不是相互独立的，而是互相交织、互相影响、互为因果。前一个因素发生变化可能会成为后一个因素发生差错的原因，或是增大其他因素发生差错的概率；同时，所有因素对飞行安全的影响程度和范围也是不同的，因此，表现出层级性的特点；最终所有的事故都会通过人、机、环发生不安全事件表现出来，即事故发生的直接诱因。因此，必须对影响飞行安全的所有因素进行分级、分类和归纳，界定不同因素对飞行安全影响的大小、表现形式及相互关系，从而有效预防类似不安全事件的再发生，不断提高飞行安全质量和效益。

一、人的因素

无人机操控员简称飞手，或称为飞控手，飞手又可分为固定翼飞手、多旋翼飞手、直升机飞手和飞艇飞手。根据2018年9月1日中国民航局发布《民用无人机驾驶员管理规定》，要求空机重量大于4kg、起飞重量大于7kg的无人机驾驶员需持有无人机驾驶执照飞行。无人机驾驶员执照由民航局直接管理和颁发。

任何事件的发生、发展都有其根源，飞行事故的发生同样有规律可循。事故法则和墨菲定律是最早揭示事故发生源头、指导人们预防事故的理论。

在无人机的操作过程中，操作人员要对航空情况进行一定的监视，要做好情报的收集工作。这就要求操作人员保持极强的警惕性。除此之外，操作人员在无人机飞行过程中，要对其进行随时监控。这就要求操作人员及时观察无人机的飞行状态，并及时对无人机的飞行方向进行调整。这项工作是极其枯燥的，可能导致操作人员的视觉疲劳，从而降低操作人员的工作效率，并引起操作失误。

目前，随着无人机飞行智能化水平的不断提高，地面人员在操作系统中也会面临更大的工作压力。无人机的地面站操作人员要根据无人机所收集的信息数据对其进行判断，这样一来，会加大其工作难度。

减少无人机飞行过程中人为因素影响的主要方法如下。

（1）增强团队协作精神。在无人机系统操作过程中，需要多个人员进行合作，一般是以小组合作模式进行的。在合作团队中，不仅应该包括指挥人员，还包括情报分析人员、信息维护人员。这就要求小组成员之间相互配合完成工作，提高团队协作的效率。除此之外还要明确人员分工，这样才能保证更好地完成任务。随着科学技术的发展，无人机在未来的发展过程中，可以更好地依赖智能辅助系统完成决策，更好地保证无人机飞行的安全效率。

（2）建立应急处理预案。无人机在飞行过程中难免会受到一些特殊天气条件的影响，这就要求工作人员提前布置好无人机飞行的应急处理系统，通过应急预案提高对无人机飞行过程中的安全保障工作，从而在特殊情况发生时，能最大限度地减少飞行器受到伤害。除此之外，也能增强人们对无人机故障的防护工作，从而提高无人机的飞行效率。

二、无人机的因素

飞行中无人机出现故障会给飞行安全、完成飞行任务带来直接影响。操控员需要在飞行前掌握无人机的飞行品质、无人机的故障情况、无人机上次使用情况、无人机的保养情况等。

参照有人机的概念，也可以对无人机给出飞行品质的概念。所谓飞行品质，是指无人机在操控员的操控下，能够有效完成飞行作业任务、保证飞行安全又容易操控的各种特性。概括地讲，就是"有效、安全、好飞"。这就要求无人机：①在人机闭环条件下持续可控；②响应稳定、快速和准确；③操控员负荷小。操控员在操控无人机前，仔细研究并掌握无人机的飞行品质，有利于充分发挥无人机的机体性能和载荷性能，有助于更好地完成预定任务。

飞行前应该对无人机进行检查，检查螺旋桨是否有损伤，机身是否有损伤，电池电量是否充足，遥控器电量是否充足，飞控图传是否正常，设置好返航点，起飞后先低飞检查无人机飞行姿态是否正常，指南针、GPS 连接是否正常。

三、飞行环境的影响

飞行环境主要包括无人机操纵员及无人机所处的机场、空域、大气、电磁以及地理环境。无人机操纵人员在飞行操纵过程中，必须事先熟悉与任务直接相关的飞行环境。

空域环境，是指无人机在完成飞行任务时可能到达的范围及其相关环境。通常，空域环境分为机场区域、航路、航线、空中走廊、空中禁区和空中危险区等。无人机飞行操控员必须了解这些概念及其空间分布，从而保证飞行安全。

对于小型无人机而言，天气环境对无人机安全的影响是除设备影响之外最大的因素，如果天气晴朗、风力小或者风向稳定，则飞行安全性高。雷暴和雨天对无人机的影响是非常大的。

风对无人机的影响最大，发生频繁的乱风和风切变、风速高的情况下尽量不要飞行。平缓的单一方向的风对飞手来说是比较常见的，也是容易克服的，但是如果产生乱风和风切变就会对飞行安全形成潜在风险。

无人机是通过 GPS 进行定位的，无人机很多维稳设备都是基于 GPS 进行定位维稳的，所以在 GPS 信号弱或者干扰大的地方建议不要飞行，无人机无法通过 GPS 定位自稳则容易发生事故。

第三节 飞行安全基本理论

随着人类对飞行实践活动的不断探索和对飞行安全的持续关注和改进,总结了许多能够指导和保障飞行实践活动安全的理论,探索这些理论的发展和核心,有助于系统完整地认识飞行安全的本质,对指导无人机飞行安全实践具有重要意义。

一、事故预防理论

事故预防的基本原理如下。
(1) 对管理因素进行控制,避免由于管理不善而引起事故隐患的出现。
(2) 针对已存在或潜在的不安全状态、条件,以及不安全行为,采用安全技术措施管理和法制教育管理加以控制。
(3) 对已形成的事故隐患采取有效的措施予以治理,以消除隐患,防止事故发生。

在飞行实践中,要做到以下三点。
(1) 要经常把别人发生的问题"对号入座",查一查本单位有没有类似的苗头和隐患。不能因为"自家"没事,对"邻里"失火不以为然,或者只把别人的事故教训当作茶余饭后的谈资,麻痹大意,我行我素,其结果只能重蹈别人的"覆辙"。
(2) 要做好举一反三、"借题发挥"的文章。不管别的单位出了事,还是本单位在某一方面出了差错,都要及时把它当作一面镜子,延伸到安全飞行的方方面面,反复进行查找。不能就事论事、就事查事、就事处事,否则,只能是"头痛医头,脚痛医脚",达不到"一人生病,大家预防"的目的。
(3) 事故教训警钟要长鸣。一旦发生了安全飞行事故,拉响了安全飞行工作的"警报",就要把它高悬头顶,长鸣不断,一时一刻也不松懈,始终绷紧防事故这根弦,开展"事故警示""忆事故教训"等活动,真正让大家懂得无论做什么事情,唯有在平时及时提醒自己、敲打自己、检点自己,从中发现问题和不足,才能将有事化为无事,确保安全飞行良好稳定的局面。

二、事故致因理论

事故致因理论用来阐明事故的成因、始末过程和事故后果,以便对事故现象的发生、发展进行明确的分析。事故致因理论从最早的单因素理论发展到不断增多的复杂因素的系统理论。

事故致因理论的发展经历了三个阶段,即以事故频发倾向理论和海因里希因果连锁理论为代表的早期事故致因理论,以能量意外释放理论为主要代表的第二次世界大战后的事故致因理论。

(一) 事故频发倾向理论

1919年,英国的格林伍德和伍兹把许多伤亡事故发生次数按照泊松分布、偏倚分布和非均等分布进行了统计分析,发现当发生事故的概率不存在个体差异时,一定时间内事故发生次数服从泊松分布。一些工人如果在生产操作过程中发生过一次事故,当再继续操作时,就有重复发生第二次、第三次事故的倾向,符合这种偏倚分布的主要是少数有精神或心理缺陷的工人。当工厂中存在许多特别容易发生事故的工人时,发生不同次数事故的人数服从非均等分布。

在此研究基础上,1939年,法默和查姆勃等人提出了事故频发倾向理论。事故频发倾向是指个别容易发生事故的稳定的个人内在倾向。事故频发倾向者的存在是工业事故发生的主要原因,即少数具有事故频发倾向的工人是事故频发倾向者,他们的存在是工业事故发生的原因。如果企业中减少了事故频发倾向者,就可以减少工业事故。

尽管事故频发倾向理论把工业事故的原因归因于少数事故频发倾向者的观点是错误的,然而从职业适合性的角度来看,关于事故频发倾向的认识也有一定可取之处。

(二)海因里希因果连锁理论

1931年,美国的海因里希在《工业事故预防》一书中,阐述了工业安全理论,该书的主要内容之一就是论述了事故发生的因果连锁理论,后人称其为海因里希因果连锁理论。

海因里希把工业伤害事故的发生发展过程描述为具有一定因果关系事件的连锁,即:人员伤亡的发生是事故的结果,事故的发生原因是人的不安全行为或物的不安全状态,人的不安全行为或物的不安全状态是由于人的缺点造成的,人的缺点是由不良环境诱发或者是由先天的遗传因素造成的。

海因里希将事故因果连锁过程概括为以下五个因素:遗传及社会环境,人的缺点,人的不安全行为或物的不安全状态,事故,伤害。海因里希用多米诺骨牌来形象地描述这种事故因果连锁关系。在多米诺骨牌系列中,一颗骨牌被碰倒了,则将发生连锁反应,其余的几颗骨牌相继被碰倒。如果移去中间的一颗骨牌,则连锁被破坏,事故过程被中止。他认为,企业安全工作的中心就是防止人的不安全行为,消除机械的或物的不安全状态,中断事故连锁的进程,从而避免事故的发生。

事故因果连锁中一个最重要的因素是管理。大多数企业由于各种原因,完全依靠工程技术上的改进来预防事故是不现实的,需要通过完善的安全管理工作,才能防止事故的发生。如果管理不够完善,就存在事故隐患。

(三)能量意外释放理论

1961年吉布森提出了事故是一种不正常的或不希望的能量释放,各种形式的能量是构成伤害的直接原因。因此,应该通过控制能量或控制能量载体来预防伤害事故的发生。在吉布森的研究基础上,1966年哈登完善了能量意外释放理论,提出"人受伤害的原因只能是某种能量的转移",并提出了能量逆流于人体造成伤害的分类方法,将伤害分为两类:第一类伤害是由于施加了局部或全身性损伤阈值的能量引起的;第二类伤害是由于影响了局部或全身性能量交换引起的,主要指中毒窒息和冻伤。哈登认为,在一定条件下某种形式的能量能否产生伤害造成人员伤亡事故取决于能量大小、接触能量时间长短和频率以及力的集中程度。根据能量意外释放论,可以利用各种屏蔽来防止意外的能量转移,从而防止事故的发生。

三、系统安全理论

系统安全理论认为事故的发生是系统构成要素之间相互作用的结果。根据该理论,要把人、机和环境作为一个整体,全面研究人、机和环境之间的相互作用、反馈和调整。

系统安全理论认为,安全涉及事物的各个方面,并在各方面存在相互制约关系。因此,安全工作必须从系统管理的角度思考。其创新概念主要包括以下几点。

(1) 在事故致因理论方面,改变了人们只注重操作人员的不安全行为而忽略硬件故障在事故致因中的作用的传统观念,开始考虑如何通过改善物的系统的可靠性来提高复杂系统的安全性,从而避免事故。

(2) 没有任何一种事物是绝对安全的,任何事物中都潜伏着危险因素。通常所说的安全或危险只不过是一种主观判断。能够造成事故的潜在危险因素称作危险源,来自某种危险源,造成人员伤害或物质损失的可能性叫作危险。危险源是一些可能出问题的事物或环境因素,而危险表征潜在的危险源造成伤害或损失的机会,可以用概率来衡量。

(3) 不可能根除一切危险源和危险,可以减少来自现有危险源的危险性,应减少总的危险性而不是只消除几种选定的危险。

(4) 由于人的认识能力有限,有时不能完全认识危险源和危险,即使认识了现有的危险源,随着生产技术的发展,新技术、新工艺、新材料和新能源的出现,又会产生新的危险源。由于受技术、资金、劳动力等因素的限制,对于认识了的危险源也不可能完全根除。由于不能全部根除危险源,只能把危险降低到可接受的程度,即可接受的危险。安全工作的目标就是控制危险源,努力把事故发生概率降到最低,万一发生事故,把伤害和损失控制在较轻的程度。

第四节 飞行安全管理

安全管理的对象是风险,管理的结果要么是安全,要么是事故。所谓"安全的规律",确切地说,即事故发生的规律。世间万事都有前因后果,事故这个结果的原因就在于事故相关的各个环节,也就是说,事故是一系列事件发生的后果。这些事件是一系列的,一件接一件发生的,就是"一连串的事件"。所以,安全管理上就有了"事故链"原理。事故让人们看到了一个锁链:初始原因→间接原因→直接原因→事故→伤害。

一、安全文化管理

安全文化的概念最先由国际核安全咨询组(INSAG)于1986年针对核电站的安全问题提出。1991年出版的 INSAG-4 报告即《安全文化》给出了安全文化的定义:安全文化是存在于单位和个人中的种种素质和态度的总和。文化是人类精神财富和物质财富的总称,安全文化和其他文化一样,是人类文明的产物,企业安全文化是为企业生产、生活、生存活动提供安全的保证。

安全文化就是安全理念、安全意识以及在其指导下的各项行为的总称,主要包括安全观念、行为安全、系统安全、工艺安全等,体现为每一个人、每一个单位、每一个群体对安全的态度、思维程度及采取的行动方式,就是人们为了安全生活和安全工作所创造的文化。安全文化主要适用于高技术含量、高风险操作型企业,在能源、电力、化工等行业内重要性尤为突出。安全文化的核心是以人为本,这就需要将安全责任落实到全员的具体工作中,通过培育员工共同认可的安全价值观和安全行为规范，在企业内部营造自我约束、自主管理和团队管理的安全文化氛围，最终实现持续改善安全业绩、建立安全生产长效机制的目标。

安全文化是组织文化的重要组成部分，推进安全文化建设是深化组织文化、推进安全文化建设的重要举措，是组织建立安全飞行长效机制的必然要求，是全面落实安全飞行长效机制的必然要求，也是实现组织安全目标的迫切需要。

应该贯彻"安全第一，预防为主，综合治理"的安全飞行管理方针，使飞行环节中的每一个人树立正确的安全观，形成自我约束、持续改进的安全长效机制，实现操控手无违章、无人机无故障、管理无漏洞的安全飞行管理目标，使组织安全文化建设在飞行活动中得到有效落实。

二、安全风险管理

安全风险管理是指通过识别生产经营活动中存在的危险、有害因素，运用定性或定量的统计分析方法确定其风险严重程度，进而确定风险控制的优先顺序和风险控制措施，以达到改善安全生产环境、减少和杜绝安全生产事故的目标而采取的措施和规定。

安全风险管理的方法一般有两种：反应性方法和前瞻性方法，各有优点与缺点。确定某一风险的优先级也有两种不同的方法：定性安全风险管理和定量安全风险管理。

很多组织都通过响应一个相对较小的安全事件引入安全风险管理。但无论最初的事件是什么，随之出现的越来越多与安全有关的问题开始影响业务，很多组织对响应接踵而来的危机感到灰心丧气。他们需要替代方法——一种能减少首次安全事件的方法，但此方法也只是解决方案的一部分。

（1）反应性方法：当一个安全事件发生时，很多IT专业人员感到唯一可行的就是遏制情形，指出发生了什么事情，并尽可能快地修复受影响的系统。反应性方法可以是一种对已经被利用并转换为安全事件的安全风险的有效技术响应，具有一定的严密性，可帮助所有类型的组织更好地利用他们的资源。

（2）前瞻性方法：与反应性方法相比，前瞻性安全风险管理有很多优点。与等待坏事情发生然后做出响应不同，前瞻性方法首先最大限度地降低了坏事情发生的可能性。

当然，组织不应完全放弃事件响应。一个有效的前瞻性方法可以帮助组织显著减少将来发生安全事件的数量，但是似乎此类问题并不会完全消失。因此，组织应继续改善事件响应流程，同时制定长期的前瞻性方法。

风险管理的第一步就是识别和评估潜在的风险领域。所谓风险领域就是风险因素的集合。风险识别是否全面齐备，是否准确，都直接影响风险评估与风险控制。

三、安全制度管理

制度，也称规章制度，是国家机关、社会团体、企事业单位为了维护正常的工作、劳动、学习、生活的秩序，保证国家各项政策的顺利执行和各项工作的正常开展，依照法律、法令、政策而制定的具有法规性或指导性与约束力的应用文件，是各种行政法规、章程、制度、公约的总称。制度的特点包括以下几点。

（1）指导性和约束性。制度对相关人员做些什么工作、如何开展工作都有一定的提示和指导,同时也明确相关人员不得做些什么,以及违背了制度会受到什么样的惩罚。因此,制度有指导性和约束性的特点。

(2)鞭策性和激励性。制度有时张贴或悬挂在工作现场,随时鞭策和激励人员遵守纪律、努力学习、勤奋工作。

(3)规范性和程序性。制度对实现工作程序的规范化、岗位责任的法规化、管理方法的科学化起着重大作用。制度的制定必须以有关政策、法律、法令为依据。制度本身要有程序性,为人们的工作和活动提供可供遵循的依据。

安全管理制度是一系列为了保障生产而制定的条文。它建立的目的主要是控制风险,将危害降到最小,安全管理制度也可以依据风险制定。

组织的安全管理制度,可以依据以下步骤制定:

① 考虑可能存在的风险,需要从哪些方面控制风险;
② 考虑各个环节之间的关系,也就是流程;
③ 考虑每个环节实现的具体要求,也就是5W1H的应用;
④ 考虑法律法规的要求,将法律法规的条款转化为制度的内容;
⑤ 考虑制度中需要被追溯的内容,设置记录。

思 考 题

1. 影响无人机飞行安全的因素包括哪几个方面?
2. 简述事故预防理论的基本原理。
3. 系统安全理论创新概念主要包括哪几个方面?
4. 简述制定组织安全管理制度的步骤。

第三章

气象环境与无人机飞行安全

无人机是在大气环境中飞行工作,飞行大气环境对民用无人机,特别是民用中小型无人机的安全飞行影响十分显著。因此,本章主要分析气象环境与无人机飞行安全。

第一节 大气气象环境

地球表面的大气层按照在不同高度上的空气性质可划分为对流层、平流层、中间层、热层和散逸层。对流层最大高度上界是17～18km(低纬度地区),最低高度上界是8～9km(高纬度地区)。大气分层如图3.1所示。

按任务飞行高度分类,无人机可以分为超低空无人机、低空无人机、中空无人机、高空无人机和超高空无人机。其中,超低空无人机任务高度一般在0～100m,低空无人机任务高度一般在100～1000m,中空无人机任务高度一般在1000～7000m,高空无人机任务高度一般在7000～18000m,超高空无人机任务高度般大于18000m。

因此,无人机的飞行环境多数处于大气层中的对流层和平流层,超低空无人机、低空无人机和中空无人机在对流层飞行,高空无人机和超高空无人机在对流层或平流层飞行。本章中各种天气现象均针对平流层和对流层天气特点。掌握这些天气特点便于确保无人机在特殊气象条件下的飞行安全。

一、对流层

对流层因为空气有强烈的对流运动而得名,它的底界为地面,上界高度随纬度、季节、天气等因素而变化。平均而言,低纬度地区(南北纬30°之间)上界高度为17～18km,中纬度

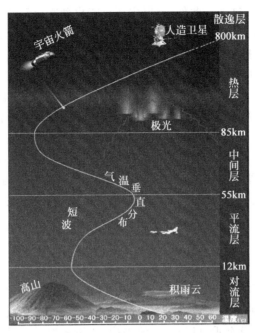

图 3.1 大气分层情况及对流层、平流层高度

地区(纬度 30°～60°)为 10～12km,高纬度地区(纬度在 60°以上)为 8～9km。同一地区对流层上界高度夏季大于冬季。此外,天气变化对对流层的厚度也有一定影响。

相对于整个大气层(大气外层的顶界为 2000～3000km)来说,对流层虽然是很薄的一层,但由于大气下密上疏,对流层集中了约 75% 的大气质量和 90% 以上的水汽。云、雾、降水等天气现象基本上都出现在这一层,多数无人机也主要在这一层飞行,相对于民航飞机巡航状态,无人机的飞行环境要恶劣很多。

对流层有以下三个主要特征。

(1) 气温随高度升高而降低。对流层大气热量的直接来源主要是空气吸收地面发出的长波辐射,靠近地面的空气受热后热量再向高处传递,因此在对流层,气温普遍随高度升高而降低。

(2) 气温、湿度的水平分布很不均匀。对流层与地面相接,其温、湿特性主要受地表性质的影响,故在水平方向上分布很不均匀,如南北空气之间明显的温差、海陆之间空气的湿度差异等。湿度对无人机空气动力有较大影响。

(3) 空气具有强烈的垂直混合。由于对流层低层的暖空气总是具有上升的趋势,上层冷空气总是具有下沉的趋势,加之温度水平分布不均匀,因此对流层中空气多垂直运动,具有强烈的垂直混合。垂直混合导致各种复杂的大气扰动现象,对无人机飞行造成较大影响。

对流层中,按气流和天气现象分布的特点,可分为下、中、上三个层次。

(1) 对流层下层(离地 1500m 高度以下)的空气运动受地形扰动和地表摩擦作用干扰最大,气流紊乱。该层气流受地形、温度、湿度等地面因素的影响较大,对流、湍流等交换作用强盛,导致产生各种复杂的大气扰动现象,例如阵风、低空风切变、微下击暴流等,从而对超低空和低空无人机的飞行性能产生较大的影响。

目前的多旋翼无人机、无人直升机主要在对流层下层飞行,这些气象条件对无人机的飞行性能和安全的影响非常显著。此外,该层中还可能出现雾、霾、沙尘、吹雪等影响能见度的天气现象,对无人机的控制、感知、避让、航拍、侦察、测绘等飞行活动产生不小的影响。

(2) 对流层中层(摩擦层顶到 6000m 高度)空气运动受地表影响较小,气流相对平稳,可代表对流层气流的基本趋势,云和降水大多生成于这一层,不仅会影响中空无人机的气动性能,由于湿度过大或降水的原因,还会给无人机的电路系统带来巨大的危害。因此,中空无人机在飞行前要及时关注气象台天气预报,防止降水等气象条件造成无人机电路系统破坏。

(3) 对流层上层(从 6000m 高度到对流层顶)受地表影响更小,水汽含量很少,气温通常在 0℃ 以下,各种云主要由冰晶或过冷水滴组成,因此在这一层的中空与高空无人机容易发生积冰的现象,使无人机升力降低,还会影响通信链路,甚至使控制系统失灵,造成严重的危害。

二、平流层

平流层范围从对流层顶到大约 55km 的高度上,主要是高空和超高空无人机的飞行范围。平流层中空气热量的主要来源是臭氧吸收太阳紫外辐射,因此平流层中气温随高度增高而升高,整层空气几乎没有垂直运动,气流平稳,故称之为平流层。平流层中空气稀薄,水汽和杂质含量极少,只有极少数的云,故飞行气象条件良好。平流层大气受地表影响极小,空气运动几乎不受地形阻碍及扰动,因此气流运动以及温、湿度分布也比对流层有规律得多。

平流层的环境特点如下。

(1) 平流层底部(12km)温度在 −55℃ 左右,在 25km 以上大气温度随高度而上升,平流层顶部(55km)可达 −3~17℃。

(2) 平流层大气无强烈的对流运动,没有雨、雪、雷、电等气象现象。

(3) 平流层风场一般为均匀风,风向为东风或西风,风速一般为 10~25m/s,春秋交变的季节特性明显。

(4) 平流层存在强紫外线和高能粒子。

(5) 平流层的大气运动以水平流动为主,对飞行影响较小。平流层的空气密度较低,在相同迎角下会减小无人机的有效升力,因此无人机在该层飞行时需要更大的动力或平飞速度才能保持巡航状态,对航程和航时都会产生影响。

第二节　典型气象条件及对无人机飞行的影响

无人机主要在对流层和平流层飞行。对流层对无人机产生影响的主要气象条件是风和雨,包括阵风、低空风切变、微下击暴流和龙卷风等。平流层主要影响因素是积冰。下面对这几种气象条件成因及影响予以说明。

一、阵风

阵风的产生是空气扰动的结果。当空气流经地面时,由于地面阻力的影响,低层风速减小,而上层不变,这就使空气发生水平和垂直方向的扰动。如果有丘陵、建筑物和森林等障碍物阻挡而产生回流,会造成许多不规则的空气扰动涡旋。当涡旋的流动方向与总的空气流动方向一致时,就会加大风速;相反,则会减小风速,所以风速时大时小。当涡旋与空气流动方向一致而加大风速时,会产生瞬时极大风速,这就是阵风。

通常情况下,阵风风速超过平均风速的概率会随着平均风速和地面粗糙度的增大而增加,其风速会超出平均风速的50%。

阵风分为水平阵风和垂直阵风,水平阵风对旋翼无人机安全影响较大,垂直阵风主要影响旋翼无人机的航程和航时。多旋翼无人机的水平抗风能力一般在7m/s。超过这个水平,自驾仪无法调整其稳定飞行姿态,容易导致安全问题。

垂直阵风对固定翼无人机的升力特性产生较大的影响。固定翼无人机在遭遇垂直阵风时,由于风速的突变会在瞬间对无人机的有效迎角和升力产生很大的影响,使无人机飞行姿态发生较大的变化,如果自动控制系统调整时间较长,就会造成无人机飞行事故。

对于无人直升机,遭遇阵风时会导致较大的瞬态载荷和动应力,影响无人直升机旋转部件的疲劳寿命。

二、低空风切变

美国国家研究委员会(NRC)于1983年对风切变进行定义:空间两点处的风速差除以两点的距离。而针对低空风切变的常见定义是:平均水平风经过一个很薄的垂直气层所造成的风速和风向的变化。因此,低空风切变一般是指在600m以下空气层中出现的风向、风速突然变化的现象,它会随气象条件和地形地物的不同表现出不同的强度和形态。

因此,低空风切变对超低空无人机和无人机起降阶段影响较大。

低空风切变的形成原因主要有以下三类:地面粗糙度大的崎岖地形会造成低空风切变和紊流旋涡;空气中的急流通过山脉时会在其背面形成低空槽,从而造成强烈的下坡风;在水面(湖面和海面)附近,陆地风和海洋风环流会造成低强度的风切变,而具有温度差和温度变化、雷暴的冷暖风锋面前后也可能会产生风切变。

由近地面附近的低空急流造成的一种低空风切变最为常见,这类风切变按照低空急流的产生原因可又分为气旋风切变、辐射逆温风切变和地形风切变,它的空间尺度变化范围非常大,从几百米至数百千米,持续时间较久,一般长达几小时。由于近地特性,对机场附近的无人机起降和多旋翼无人机飞行有显著影响。

低空风切变的危险性是多种因素综合作用的结果,包括发动机推力特性、无人机气动特性、飞行高度、飞行速度、飞行阶段、风变场强度和变化以及持续飞行时间等因素,它是衡量变化风场危险程度的标准。

低空风切变由于空间速度变化剧烈且接近地面,在无人机起降阶段高度较低,自驾仪无法快速调整姿态适应变化的风速。且对手动操纵员的反应时间和经验有较高的要求,对无人机起飞降落阶段危害巨大,极易造成无人机飞行姿态发生剧烈变化,飞行高度降低,甚至可能造成灾难性的后果。同时,常规的探测手段也无法探测到低空风切变内部细微的结构。因此,低空风切变被称为影响航空安全的"隐形杀手"。

三、微下击暴流

微下冲气流也叫微下击暴流,是局部性下沉气流到达地面后产生的一种复杂低空风场,一般存在于数百米到 1000m 高度。当下冲气流到达地面时,开始向水平方向扩散并可能会绕着下冲气流形成一个或多个水平旋涡气流,水平扩散的气流一般会影响半径 1~2km 的区域,水平旋涡气流可能会延伸至离地 600m 的高度,持续时间较短,一般为几十分钟。图 3.2 为常见的轴对称微下击暴流示意图。

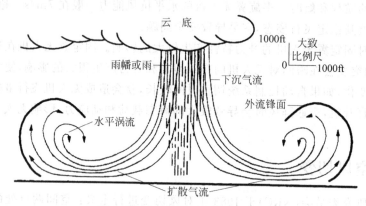

图 3.2 轴对称微下击暴流示意图

一般情况下,微下击暴流是以下冲气流族的形式出现,即一个下冲气流往往伴随十几个以上的微下冲气流,进而孕育成一系列局地风暴。据统计,伴随风暴所产生的微下击暴流具有很高的出现频率和密度,其中密度最大的为 1.79km 就会出现一个微下击暴流。

微下击暴流也主要对超低空飞行的无人机和无人机起降阶段影响最为显著。

当无人机预备着陆时,一般会收油门减速降高度。当微下冲气流击中无人机时,突然增强的逆风会令无人机升力增加,此时应急操作是减速以减低升力。之后无人机很快穿过气流中心进入顺风带,顺风又会使无人机升力进一步减小,最后无人机可能因为升力不足或失速坠毁。正确认识微下击暴流并采取合适的手动切换操作或自动驾驶应急操纵策略才能保证无人机的飞行安全。

四、龙卷风

龙卷风总是在积雨云中出现,但大多数积雨云中并没有龙卷风产生。只有那些发展特别强烈的雷暴云,才有可能形成龙卷风。形成龙卷风时,大气低层(70kPa 以下)具有很大的对流性不稳定;从湿度条件看,龙卷风总是出现在很强的干、湿地区交汇区,如我国的南方地区。

龙卷风的直径一般有 25~100m,最大可达 1km 左右,在空中的龙卷风直径可达 10km 左右。龙卷风的垂直伸展范围差别很大,有的超过 10km,可达 15km。有的龙卷风只存在于积雨云中部,从云顶和云下都看不见它。

龙卷风的内部是下降气流,并向外流出;外部是上升气流,并向内流入。下降气流和上升气流都很强。上升气流流速最大值可达 60m/s,大致出现在离地面 50m 的高度上。由于中心附近空气外流，上空又有强烈的辐散，因此龙卷风中心的气压非常低，可以比周围气压低 10%，一般可低至 40kPa，最低可达 20kPa。

龙卷风对无人机会造成巨大的破坏，主要包括：

(1) 风压极大，可将无人机的蒙皮彻底撕毁；

(2) 无人机与龙卷风之间的巨大气压梯度，足以使无人机由内向外爆炸；

(3) 上升气流极强，能将无人机卷入气流中，导致完全失控。

在一些龙卷风常发生地，需要及时关注天气变化情况，做好预防恶劣天气的措施。在预报龙卷风来临地区，应停止飞行计划，避免造成无人机的损坏。

五、降水

降水指从云中降落至地面的水滴、冰晶、雪等现象。降水常使能见度降低，减小无人机的空气动力。降水还会对无人机的电路系统造成很大的影响，严重情况下会发生短路现象，造成飞行事故。对于多旋翼无人机和无人直升机以及密封措施不好的固定翼无人机，在严重降水天气应停止飞行计划。

（一）降水的形成

降水是在云中形成的，但能产生降水的云并不多。因为云滴通常很小，不能克服空气阻力和上升气流的作用而飘浮在空中。只有当云滴增长到足够大时，才能从云中降落至地面而形成降水。如果云中水汽充分，上升运动能持续进行，水汽的凝结或凝华也就不断进行，云滴的密度就会越来越大，并不断增大为雨滴、雪花或其他降水物。因此，降水的形成过程，也就是云滴不断增大而变为降水物的过程。

云滴的增长主要有两种方式，一是云滴的凝结或凝华增长，二是云滴的增长。降水有固态降水和液态降水之分，究竟形成什么样的降水，主要取决于云中和云下的气温。若云中和云下气温都高于 0℃，则形成液态降水；都低于 0℃，则形成固态降水或冻雨、冻毛毛雨；若云内气温低于 0℃，而云下气温高于 0℃，则降水可以是液态、固态或二者的混合物（如雨夹雪）。有时，地面在降雨，而飞机在空中遇到的是降雪，就是因为地面与空中气温不同。

（二）降水的分类

降水从形态上可分为固态降水和液态降水两种。固态降水如雪、雪丸、冰丸、冰雹等；液态降水有雨和毛毛雨。

降水按性质可分为连续性降水、间歇性降水和阵性降水。

连续性降水持续时间长，降水强度变化不大，通常由层状云产生，水平范围较大。卷层云一般不降水，在纬度较高地区有时可降小雪。雨层云、高层云可产生连续性降水。间歇性降水强度变化也不大，但时downloads时停，多由波状云产生。其中层云可降毛毛雨或米雪，层积云、高积云可降不大的雨或雪。阵性降水强度变化很大，持续时间短，影响范围小，多由积状云产生。其中淡积云一般不产生降水；浓积云有时产生降水，低纬度地区可降大雨；积雨云可降暴雨，有时会产生冰雹和阵雪。

（三）降水对飞行的影响

降水对飞行有多方面的影响，其影响程度主要与降水强度和降水种类有关。

1. 降水使能见度减小

降水对能见度的影响程度,主要与降水强度、种类及无人机的飞行速度有关。降水强度越大,能见度越差;降雪比降雨对能见度的影响更大。由于毛毛雨雨滴小、密度大,其中能见度也很差,一般与降雪时相当。有的小雨密度很大,也可能使能见度变得很差。表3.1为降水中地面能见度。

表 3.1　降水中地面能见度

降水种类和强度	大雨	中雨	小雨	大雪	中雪	小雪
地面能见度/km	<4	4~10	>10	<0.5	0.5~1	>1

2. 含有过冷水滴的降水会造成飞机积冰

在有过冷水滴的降水(如冻雨、雨夹雪)中飞行,雨滴打在无人机上会立即冻结。因为雨滴比云滴大得多,所以积冰强度也比较大。冬季在长江以南地区飞行最容易出现这种情况。

3. 大雨会恶化无人机气动性能

大雨对无人机气动性能的影响主要来自以下两方面。

(1) 空气动力损失。雨滴打在无人机上使机体表面形成一层水膜,气流流过时,在水膜上引起波纹;同时雨滴打在水膜上,形成小水坑。这两种作用都使机体表面粗糙度增大,改变了机翼和机身周围气流的流型,使无人机摩擦阻力增大,升力减小。相关研究表明,降水使机身和机翼两者的阻力增加5%~20%。

(2) 无人机动量损耗。雨滴撞击无人机时,将动量传给无人机引起飞机速度变化。雨滴的垂直分速度施予飞机向下的动量,使飞机下沉;雨滴对飞机的迎面撞击则使之减速,严重情况可能使飞机失速。

4. 降雨对电路系统危害较大

由于多数微型和轻型无人机的密封性能较差,且绝大多数多旋翼无人机都是采用电机驱动,因此,降水可能对电路产生较大的危害,甚至造成电路短路,使无人机发生飞行事故。

六、积冰

积冰是指无人机机身表面某些部位积聚冰层的现象。其主要是由云中过冷水滴或降水中的过冷雨滴碰到机体后冻结形成的,也可由水汽直接在机体表面凝华而成。冬季,露天停放的无人机机身表面有时也会形成积冰。无人机积冰会使无人机的空气动力性能变坏,阻力增大,升力减小,影响无人机飞行的稳定性和操纵性。积冰主要发生在对流层顶层和平流层底部,主要对飞行中的高空和超高空无人机产生影响。

(一) 积冰的形成

当无人机在云中飞行,机体碰到过冷水滴时,如果机体表面的温度低于0℃,过冷水滴就会在机体表面的某些部分冻结而积聚起来形成结冰。此外,无人机由寒冷的高层进入暖湿的低层,也会出现积冰现象。这是由于暖湿气层中的水汽在较冷的机体上发生凝结而形成的,过冷水滴是非常不稳定的,当它受到冲击时会变成固体的冰,在低于0℃的云雨中飞行时均会发生无人机积冰。

(二) 积冰的分类

根据积冰的结构、形状以及对飞行影响程度的不同,可分为明冰、雾凇、毛冰和霜四种。

1. 明冰

明冰形状像冬季地面上常见的薄冰,透明,表面光滑,在无人机上冰结牢固。

明冰通常是在冻雨中或在大水滴组成的温度为 $0 \sim -10$℃ 的过冷云中飞行时形成的。在这样的云雨中,由于水滴较大,温度相对较高,过冷水滴碰上机体后并不全在相碰处冻结,而是部分在此冻结,部分顺着气流往后流动,互相融合在一起冻结。由于冻结时夹杂进来的空气很少,于是形成牢固、透明、光滑的冰层。

在有降水的过冷云中飞行时,明冰积聚速度很快,冰层很厚,又很牢固,虽有除冰设备也不易使它脱落。

明冰对飞行的危害较大,除改变无人机的气动特性外,积冰较厚时,还可能使无人机的气动中心改变,产生俯仰力矩,使飞行的稳定性变差,冰层破碎后的冰块有时还会打坏发动机。

2. 雾凇

雾凇是由许多粒状冰晶组成的表面粗糙的不透明冰层。

雾凇多形成在温度为 -20℃ 左右的混合云中,在这样低的温度下,过冷水滴通常很小,碰到机体上冻结很快,几乎还能保持原来的颗粒状,所形成的冰如同砂纸一样粗糙。另外,各冰粒之间还存留着空隙,或夹杂着云中的冰晶一起冻结,所以冰层是不透明的。

与明冰相比,雾凇比较松脆,容易除掉,对飞行的危害要小得多。但是,雾凇也会改变无人机的气动特性;如果无人机没有除冰设备,在云中飞行时间又长,也会危及飞行安全。

3. 毛冰

毛冰表面粗糙不平,但冻结得比较牢固,色泽像白瓷一样,故又称瓷冰。

毛冰多形成在温度为 $-20 \sim -5$℃ 的过冷云或混合云中。在这种云中往往大小过冷水滴同时存在,形成的冰既有大水滴冻结的特征,又有小水滴冻结的特征,有时还夹带着冰晶一起冻结,所以它是粗糙不透明的。

毛冰对无人机气动特性的影响比明冰大,冻结得又比较牢固,所以对飞行的危害不亚于明冰。

4. 霜

霜是无人机在晴空中飞行时,出现在无人机表面的结霜,由水汽直接在低温的机身表面凝华形成,类似于地面结霜。一旦机身表面增温后,其所附的霜即可消失。

积冰的形状取决于积冰的类型、飞行速度和气流绕过无人机不同部位的特征。积冰的形状一般分为楔形平滑状、槽形粗糙状和无定形起伏状。

楔形平滑状积冰往往是透明冰,一般表现为沿气流方向的积冰,对无人机空气动力学特性影响最小。

槽形粗糙状积冰,是水滴在机翼正面部分未立刻冻结,水量被气流吹离机翼前缘某一距离,在较冷段冻结而成。机翼前缘槽的产生,是因为空速大,由于动力增温使驻点的温度偏离,甚至为正温,离开驻点,温度又变成负值的缘故。这种形状的积冰,一般出现在气温 $-7 \sim -5$℃ 条件下。它对无人机的空气动力学特性的影响最严重。

无定形起伏状积冰,多为在混合云中飞行时造成,积冰牢固,在长途飞行中有危险,它对无人机空气动力学特性的影响比槽形粗糙状积冰稍好。

（三）积冰对飞行的影响

在飞行中一旦发生积冰，无人机的空气动力性能就会变差，流线型也会受到破坏，使正面阻力增大，升力和推力减小，影响飞行的稳定性，致使操纵困难。飞行中比较容易积冰的部位主要有机翼、尾翼等，无论什么部位积冰都会影响无人机飞行性能和着陆性能，其影响主要有以下3个方面。

1. 破坏无人机的空气动力性能

飞行中机翼和尾翼前缘的积冰最多。积冰使翼状变形，破坏空气绕过翼面的平滑流动，使升力减小，阻力增大，爬升速度、升限和最大飞行速度降低，失速空速增大，燃料消耗增加，机动性能和着陆性能变差，严重危及飞行安全。

此外，积冰较厚时，还可能会改变无人机重心的位置，影响稳定性。如机翼积冰较厚，会使无人机的重心前移，产生低头力矩。如果左右机翼上表面的冰、雪、霜积存的程度、污染的区域不一致，必然会造成左右升力不一样，形成明显的滚转力矩。如果水平尾翼积冰，除了影响航向外，在着陆时还会产生抬头力矩，导致机头抬头。

2. 降低动力装置效率，甚至发生故障

进气道及发动机积冰会改变无人机的空气动力特性，使进气速度场分布不均匀，还会使气流发生局部分离，引起涡喷式压气机叶片的振动，造成发动机的损坏或熄火。进气口结冰时，进气量受影响，最大推力减小。油箱通气口积冰将造成发动机供油困难，若排气活门积冰，将影响空气和增压系统的正常工作。

3. 影响仪表和通信，甚至使之失灵

无人机天线积冰能破坏天线的形状，引起振动，改变天线的电容和电阻，影响通信，严重积冰时能使天线同机体之间发生短路，甚至使天线折断，造成链路通信中断。另外，天线积冰还可能使磁罗盘失效，这对于在复杂气象条件下的飞行是极其危险的。

七、影响能见度的天气现象

所谓能见度是指视力正常人白天看清目标物轮廓的最大距离，在夜间则是能看清灯光发光点的最大距离。影响能见度的天气实质为固态或液态微粒，这种天气现象直接影响无人机的控制、感知、避让、航拍、侦察、测绘等飞行活动。这些天气现象包括雾、霾、烟幕、沙尘暴、吹雪等。

（一）雾

辐射雾：地面辐射降温，形成贴地逆温，此时水汽不易向上空扩散。随着贴地空气进一步冷却，积存的水汽凝结形成雾。一般夜间形成，日出前后最浓。

锋面雾：随锋移动，呈带状分布。锋前雾主要是锋上较暖雨滴降至锋下冷空气中蒸发后使冷空气达到饱和而产生；锋后雾则由暖湿空气移至原由冷空气控制的地表经冷却而产生。

上坡雾：湿空气沿山坡爬升时形成。

城市雾：大城市工业区吸湿性凝结核增多和水汽源的影响。

（二）霾

大量细微的干尘粒或盐粒烟幕（由燃烧或化学反应生成的大量极小固态微粒聚集于近

地面层)水平能见度小于10km。一般出现于逆温层下,各霾层间水平能见度良好,而倾斜能见度和垂直能见度弱。在霾层中飞行,可见光设备和基于机器视觉技术避障的无人机较难完成任务。

(三)沙尘、吹雪

沙尘包括沙尘暴、扬沙和浮尘。沙尘暴水平能见度小于1km,一般伴随冷锋强雷暴天气;扬沙的水平能见度为1~10km;浮尘的水平能见度为10km以下。

在风沙中飞行,由于能见度恶劣,易造成迷航、着陆困难。沙粒间及沙粒与飞机间摩擦易产生静电,可干扰无线电通信和无线电罗盘。沙粒可磨损机体表皮,如果沙粒进入机体和发动机,会造成机件磨损、油路堵塞。沙尘伴有大风,对无人机增稳系统挑战性较高。

对于起降阶段的无人机,无线电遥控的操纵员对无人机飞行姿态的判断一般是通过肉眼直接观察的,因此能见度较低会对操纵员的观察造成很大的干扰,无法第一时间正确了解无人机的飞行状态,就会对无人机的操纵带来延误和失误,甚至使无人机失去控制。

第三节 危险天气评估

无人机起飞、降落和空中飞行的各个阶段都会受到气象条件的影响,不同天气现象对飞行的影响情况也各有不同,同一天气现象也会因为强度级别不同对无人机造成不同程度的影响,因此对危险天气的评估与辨别必须要了解各种天气现象对飞行的影响以及天气现象的等级划分标准。

一、风

(一)风力等级划分

风速的大小常用几级风来表示。风的级别是根据风对地面物体的影响程度而确定的。在气象上,目前一般按风力大小划分为12个等级,表3.2为各级风对应的名称、风速以及陆地上的地面物象。

一般多旋翼无人机的抗风等级是4级,20kg级固定翼无人机的抗风等级是6级。在抗风能力内,也需要考虑自驾仪系统的姿态限制参数,做好应急方案。在超过设计水平的风级时,应取消飞行计划,确保无人机安全。

表3.2 风力等级划分标准

风级	名称	风速/(m/s)	风速/(km/h)	陆地地面物象
0	无风	0.0~0.2	<1	静,烟直上
1	软风	0.3~1.5	1~5	烟示风向
2	轻风	1.6~3.3	6~11	感觉有风
3	微风	3.4~5.4	12~19	旌旗展开
4	和风	5.5~7.9	20~28	吹起尘土
5	清风	8.0~10.7	29~38	小树摇摆
6	强风	10.8~13.8	39~49	电线有声
7	劲风(疾风)	13.9~17.1	50~61	步行困难

续表

风级	名称	风速/(m/s)	风速/(km/h)	陆地地面物象
8	大风	17.2~20.7	62~74	折毁树枝
9	烈风	20.8~24.4	75~88	小损房屋
10	狂风	24.5~28.4	89~102	拔起树木
11	暴风	28.5~32.6	103~117	损毁重大
12	台风(飓风)	>32.6	>117	摧毁极大

(二) 低空风切变强度标准

如前所述,影响飞行的风的形式包括很多种,例如阵风、低空风切变等现象,其中有些形式的风根据其具体的特征重新划分了不同的强度等级,如低空风切变就有不同的划分标准。目前,使用的标准如下。

1. 风的垂直切变强度标准

表3.3为国际民用航空组织建议采用的水平风的垂直切变强度标准。空气层垂直厚度取30m,风资料取2min左右的平均值。

表3.3 水平风垂直切变强度标准

强度等级	数值标准		对飞行的影响
	(m/s)(30m厚度)	m/s	
轻度	0~2	0~0.07	飞机航迹和空速稍有变化
中度	2.1~4	0.08~0.13	飞机操纵有较大困难
强烈	4.1~6	0.14~0.2	飞机操纵有很大困难
严重	>6	>0.2	对飞机失去控制,造成严重危害

2. 风的水平切变强度标准

目前,尚未有统一的标准。美国的机场低空风切变警报系统(LLWAS)可以作为参考,该系统在机场平面设置6个测风站,包括中央站和5个分站。各分站和中央站间距平均约为3000m。系统设定每一分站与中央站的风向风速矢量差达7.7m/s以上时系统即发出报警信号。

3. 垂直气流切变强度标准

在相同的空间距离内,垂直气流切变强度主要由垂直气流本身的大小变化来决定,对飞行安全危害最大的是强下降气流,日本气象学家藤田和科尔斯提出一种称为下冲气流数值的标准:以下降气流速度和到达地面的辐散值来确定。表3.4列出了下降气流和下冲气流的数值标准,其中对于危害最大的直径小于4000m的下冲气流称为微下冲气流,也叫微下击暴流。

表3.4 下降气流和下冲气流的数值标准

数值 \ 气流	下降气流	下冲气流
91m高度上的下降速度/(m/s)	<3.6	>3.6
800m直径内的辐散值	<144/h	>144/h

在无人机起飞和降落阶段,要对低空风切变的危害程度有足够的认识,及时根据预报情况做好应急处理方案。

(三) 龙卷风的分级

龙卷风的分级是由藤田级数划分的,表 3.5 是龙卷风的分级标准及对应的表现形式。对于微型和轻型无人机,在 F0 级也不能完成正常飞行,因此需及时根据天气预报停止飞行计划。

表 3.5 龙卷风分级标准

等级	风速(S)		出现概率/%	受害状况	表现形式
	mile/h	m/s			
F0	<73	<32	29	程度轻微	飞机受到轻微摆动,但不影响控制飞行
F1	73~112	33~49	40	程度中等	飞机受到轻微的摇晃,操纵员仍能控制飞行
F2	113~157	50~69	24	程度较大	飞机出现裂纹,振动加剧,较难控制飞行
F3	158~206	70~92	6	程度严重	机翼颤振,操控员显示器晃动剧烈,无法控制飞行
F4	207~260	93~116	2	破坏性灾害	飞机结构遭到破坏,无法控制飞行
F5	261~318	117~141	<1	毁灭性灾害	整体结构破坏,系统失灵,画面不能够显示

二、降水

降水强度常用单位时间内的降水量(降水在地平面上的积水深度)来表示,有时也根据降水中的能见度来估计。但应注意,由于水汽凝结物在降落过程中因为增温等作用要发生蒸发,因此降水强度往往地面比空中小。表 3.6 为降水现象强度判定标准。

降水强度小时对固定翼无人机影响较小,密封性和防水性较好的无人机可以完成飞行。降水对多旋翼无人机影响较大,应谨慎飞行或取消飞行计划。

表 3.6 降水现象强度判定标准

降水现象	强度		
	小	中	大
雨/阵雨/冻雨	雨滴清晰可辨,雨声细弱,水洼形成慢或形成不了水洼	雨落如线,雨滴不易分辨,水洼形成较快	雨落如倾盆,模糊成片,雨声如擂鼓,水潭形成极快
	降雨强度≤2.5mm/h	降雨强度 2.6~8.0mm/h	降雨强度≥8.1mm/h
毛毛雨/冻毛毛雨/雪/阵雪/雨夹雪/阵性雨夹雪	主导能见度≥1000m	主导能见度 500~100m	主导能见度≤500m
霰/冰粒/米雪/小冰雹/冰雹	下降量少,散落于地,无明显累积现象	下降量一般,累积缓慢	下降量大,累积迅速

三、积冰

(一)积冰强度等级

积冰强度通常是指单位时间内机体表面形成冰层的厚度,单位是 mm/min,分为弱、中、强、极强四个等级。这种划分积冰强度的方法只有用专门探测装置才能准确测定。实际飞行中常以整个飞行过程所积冰层的厚度来衡量,以厘米(cm)为单位。这两种方法的强度划分情况见表 3.7,预报工作中一般只分三个等级。

表 3.7 积冰强度等级划分

积冰等级	弱积冰	中度积冰	强积冰	极强积冰
单位时间积冰厚度/(mm/min)	<0.6	0.6~1.0	1.1~2.0	>2.0
飞行过程所积冰层厚度/mm	≤5.0	5.1—15.0	15.1—30.0	>30.0

(二)容易产生飞机积冰的时间和地区

根据资料统计可知,全年产生飞机积冰的季节主要出现在冬半年,尤其是冬季发生的次数最多,可占全年的一半或以上。例如,我国西北地区 1960—1980 年的飞机积冰统计表明,发生在冬半年的累计频率为 85.4%。

冬半年最容易产生积冰的高度层是 5000m 以下的云中,飞行高度在 3000m 左右最多。云中温度在 −10~−4℃范围出现积冰的概率最大,如湿度条件适宜,均可有中度以上的积冰产生。据西安地区的统计,积冰最常发生在 4500m 以下的云中。

在锋面附近或在穿越锋区时积冰的概率较大,在发展的暖锋中,暖空气被沿着锋面抬升,这时最容易形成积冰。据武汉地区 1956—1982 年资料统计,由于锋区造成的积冰次数占总数的 64.3%,造成中度以上积冰的次数占该强度总数的 77.8%。

根据积冰与温度、湿度的关系及中国高空气候资料(共选 103 个站),经统计分析后做出我国飞机积冰的气候区划,全国共分为四个区。

Ⅰ区:最易发生积冰。包括东北大部分地区及青藏高原。
Ⅱ区:较易发生积冰。该区伸展范围较广,从东部沿海到我国最西部的中部地带。
Ⅲ区:不易发生积冰。主要是长江中下游以南地区。
Ⅳ区:最不易发生积冰。主要包括华北、新疆、辽宁的部分地区。

第 四 章

电磁环境与无人机飞行安全

近年来,不同国家发生过多起无人机遭受电磁干扰坠毁以及电磁诱骗捕获的事件,引起了国际社会和相关行业的普遍关注,复杂电磁干扰环境下无人机装(设)备的安全应用成为摆在各国面前的突出问题。复杂的无人机电子集成度高,舱内密集分布多种射频工作设备并通过线缆连接;根据任务属性不同,机头、机尾以及机身不同部位可能装载多部通信天线,涉及频段多且频段跨度大;壳体通常采用复合材料达到减重目的,但屏蔽效果较金属差;机身多处分布孔缝和口盖,导致电气连续性差。这些特殊性导致无人机容易受到电磁环境干扰,影响机载设备和数据链正常工作。

电磁环境是一切电磁现象的综合,是指在一定的空域、时域、频域上,各种自然与人为电磁活动纵横交织、密集重叠、功率分布高低不等,并对有益电磁活动产生影响而形成的电磁环境。通俗地讲,在特定地域内集中了大量的无线电设备,在特定的时间同时或集中使用,各无线电设备的工作频率又非常集中,妨碍无人机操控系统和无人机电子设备正常工作,对无人机运用产生显著影响。

第一节 复杂电磁环境

随着以电子、微电子技术为基础的通信、控制系统在无人机领域的大量使用,用频设备激增。由于现代电子通信设备的广泛覆盖,各种雷达设备、通信设备、导航系统等辐射体的辐射功率越来越大,频谱越来越宽,使得空间内的电磁环境日趋复杂;各种人工系统加上自然界的雷电、静电等电磁源,使得电磁环境更加复杂。无人机在操作运行中,可能会遇到雷达、通信、电磁脉冲武器的有意或无意辐射。无人机所能遭遇的电磁环境大致分为两大类,即自然电磁环境和人为电磁环境,这两大类构成要素有很大区别。具体分类如图4.1所示。

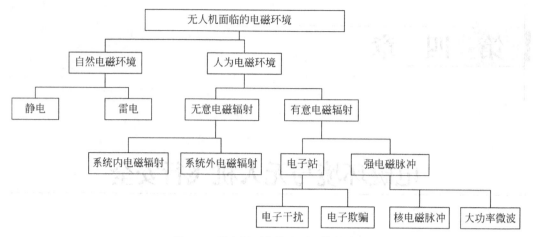

图 4.1 无人机面临的电磁环境构成

一、自然电磁环境

非人为因素产生的电磁辐射是构成电磁环境的重要部分,这部分电磁辐射所形成的电磁环境称为自然电磁环境。在自然电磁环境中,主要包括静电、雷电、电磁场、宇宙射线等。其中,雷电和静电是无人机面临的最重要的自然电磁辐射源。

(一)静电环境

两种不同物质的摩擦(撞击)是产生静电的条件。任何两个相对运动的表面或异种物质表面的接触点之间,都有可能会产生摩擦静电。摩擦静电可能产生在金属之间、金属和非金属或非金属和非金属之间,其强度取决于摩擦或撞击的程度。产生静电的速率与无人机飞行环境的温度、湿度等因素密切相关。

静电放电是指带电体周围的场强超过周围介质的绝缘击穿场强时,因介质产生电离而使带电体上的静电荷部分或完全消失的现象。

静电放电有时可以形成高电位、强电场、瞬时大电流,静电放电会产生强烈的电磁辐射形成电磁脉冲,这种脉冲不同于周期性的脉冲,它的频谱能量是连续的,是一种宽带干扰源。对于无人机来说,可能遭遇的静电环境主要包括无人机在空中飞行时的静电起电以及无人机在加油时产生的静电环境。这里主要介绍无人机在空中飞行时的静电起电。

无人机在飞行时,其表面与尘埃、冰晶体、雨以及其他物质粒子发生碰撞或摩擦。无人机机体与粒子的摩擦会引起电荷从粒子中分离出来转移到无人机上,产生静电电荷,称为沉积静电。这些静电电荷放电可能会干扰无人机的导航、控制系统。

需要指出的是,民用无人机的飞行速度慢,静电环境并不严酷。因此,无人机的静电效应相比其他电磁环境而言,不是研究和防护的重点。

(二)雷电环境

雷电是一种大气物理现象,出现的频率非常高,它与实验室研究的物理现象不同,不能通过各种人为控制的方法找出确切无误的规律,具有随机性和复杂性的特点。我国雷电在分布上存在地域性、时域性和行业性等特点。地域性是指雷电主要分布在东南地区和华南地区,东部发生概率比西部大,南部发生概率比北部大;时域性主要体现在雷电集中发生在4～8月份的降雨期;行业性是指雷电灾害主要分布在通信、电力、采矿、探测、农业和化工等行业。因此,在具体组织无人机作业时需要根据地域、时域和特定作业考虑雷电环境对无人机安全的影响。

雷电电磁脉冲是最为严重的自然电磁干扰源。雷电的放电长度一般为几千米,频谱范围为1kHz～5MHz。发生闪击时,电压高达几百万伏,电流可达几十万安培/毫秒。通常闪电周围会产生强大的电磁效应、热效应、电动力效应、高电压效应和电磁辐射。因此,无论是天线、架设电网、外露的电线、电缆还是裸露的金属体等都会感应强大的过电压、过电流,会对无人机和操控人员带来危险。

二、人为电磁环境

人为电磁环境是在有人工操控的条件下各种电子或其他电气设备向空间发射电磁能量的电磁辐射,是威胁无人机操控和无人机飞行安全的主要电磁辐射源。人为电磁辐射主要包括无意电磁辐射和有意电磁辐射。

(一)无意电磁辐射

无意电磁辐射是电子或电气设备在工作时非期望地形成的电磁辐射,是无意且没有任何目的性的,它一般不通过天线向外辐射。无意电磁辐射具有两个典型特征:一是辐射的非主观操控性;二是辐射空间的随意性。

常见的无意电磁辐射包括:电子设备的非天线辐射,如电子设备的舱内辐射以及计算机、家用电器、医疗器械等电磁辐射;运动设备的电磁辐射,如电气化铁路、汽车、发电机、电动机产生的辐射;传导电磁辐射,如电力线辐射、变压器辐射等。随着信息社会对电磁信号的依赖,各种无意辐射越来越多,已经对电磁环境的复杂性造成深度的影响。

(二)有意电磁辐射

有意电磁辐射是为特定的电磁活动而人工有意向在特定区域形成的电磁辐射,一般通过发射天线向外辐射。有意电磁辐射源的种类、分布、工作状态等直接决定着电磁环境的形态,它是影响无人机飞行安全的主要电磁辐射。有意电磁辐射源主要包括电子干扰系统、通信电台、雷达、光电设备、制导设备、导航系统、测控系统以及广播电视等。此外,强电磁脉冲也是现代复杂电磁环境的重要组成部分,特别是近年来随着脉冲功率技术的发展,用于军事及民用的各种新型脉冲源不断出现,使得脉冲的上升沿不断提高,脉冲的高频成分更加丰富,功率不断增大,对民用无人机的飞行安全构成了严重威胁。

第二节　复杂电磁环境对无人机的影响

复杂电磁环境对无人机的作用效果称作电磁环境效应,电磁环境效应是研究环境对无人机设备、系统以及平台的影响,并分析系统的适应能力,包含了所有与之相关的电磁现象,如电磁兼容(电磁干扰、电磁敏感)、电磁脉冲、电磁危害以及雷电、静电等影响。复杂电磁环境对无人机的影响,主要是系统内部电磁环境和外部电磁环境对无人机飞行安全的威胁。

复杂电磁环境下,无人机受到的影响主要表现在以下几个方面。

1. 测控受扰,通信手段失效

复杂电磁环境下,信号背景噪声提高,小信号淹没在背景噪声之中,信噪比降低,传输信道数据误码率增高,轻则影响测控距离,减少无人机可控范围和作业半径,重则导致通信中断,无人机与操控手失控,成为"断线风筝"。

2. 链路受挫,信息失真

复杂电磁环境下,同样由于被背景噪声污染,导致无人机通信链路建立受挫,无人机可能检测不到上行指令而不动作,或接收误码而执行错误指令,也有可能导致无人机对目标判断失误,造成虚警或漏报,致使下行情报信息失真或无法回传数据,无法完成既定任务,成为"无的之矢"。

3. 导航受限,参照坐标失准

导航是无人机的命门要害,无人机无论是起降、巡航,还是执行任务都离不开导航系统提供精确的坐标。受到电磁干扰后,导航系统无法提供精确的定位数据,致使无人机飞出去后,无法确定自身和目标的精确坐标,从而无法修正巡航路线,成为"无头苍蝇"。

一、内部电磁环境对无人机生存的影响

无人机内部的电磁环境效应主要是电磁兼容性问题,即机载设备在这一特定电磁环境中的兼容工作能力,包括机载射频设备通过天线、壳体、电源线、控制线以及信号线的电磁发射和电磁耦合;具有数字和开关电路设备,经壳体和电源线、互连线的电磁发射和电磁耦合;机载电缆的电磁发射和电磁耦合;敏感设备和执行机构的抗干扰能力以及动力装置可能产生的电磁发射等。

因此,无人机的电磁兼容性设计将对无人机的生存及作战产生重大影响。例如,若无人机的机载任务设备与测控设备之间的隔离屏蔽不理想,当任务设备工作时,可能会干扰测控系统,影响地面指挥人员对无人机的控制。

二、外部电磁环境对无人机生存的影响

外部复杂电磁环境是由雷达辐射脉冲、无线电信号、自然界辐射电磁波等组成。复杂的外部电磁环境主要通过以下四个方面影响无人机的技术性能与安全飞行。

(一)热效应

静电放电和高功率电磁脉冲产生的热效应一般是在纳秒或微秒量级完成的,是一种绝热过程。这种效应可作为点火源和引爆源瞬时引起易燃、易爆气体燃烧爆炸;也可以使无人机机载设备中的微电子器件、电磁敏感电路过热,造成局部热损伤,导致电路性能失效。

(二)射频干扰和"浪涌"效应

电磁辐射引起的射频干扰,可对无线电测控设备造成电磁噪声、电磁干扰,使其产生误动作或功能失效。强电磁脉冲及其"浪涌"效应,还会对机载设备造成硬损伤。

(三)强电场效应

电磁辐射源形成的强电场不仅可以致使无人机机载设备的电路失效,还可能对敏感器件的工作可靠性造成影响。

（四）磁效应

电磁脉冲引起的强电流可以产生强磁场，使电磁能量直接耦合到无人机机体内部，干扰无人机机载电子设备的正常工作。

第三节　无人机的电磁防护

由于无人机内部机载设备之间的互扰问题，以及外部高能电磁脉冲对无人机电子设备的影响，会给无人机的安全飞行带来严重的威胁。为了使无人机能够适应这种复杂的电磁环境，提高无人机在复杂电磁环境下的安全性能，必须对无人机内部机载设备进行电磁兼容性设计和加强无人机的外部电磁防护能力。

对无人机的电磁防护主要从形成电磁危害的三要素出发，运用多种渠道、多种方法阻止电磁危害的发生。总体来说，电磁防护有三条基本原则：①尽量减少干扰源，如对干扰源进行屏蔽或远离干扰源；②采用电磁易损性高的器件，提高被干扰部件的抗扰度；③采用综合防护加固技术，阻止能量的耦合，如对敏感部件进行屏蔽、采用屏蔽电缆、在敏感端口进行滤波、加装防护模块等。

1. 进行内部机载设备电磁兼容性设计

无人机内部机载设备的互扰问题，是因为电磁兼容性设计不完善，主要是因为机载设备之间的电磁屏蔽效果不好造成的。电磁屏蔽的原理是由金属屏蔽体通过对电磁波的反射和吸收来屏蔽辐射干扰源，即同时屏蔽场源所产生的电场和磁场分量。随着频率的增高，波长变得与屏蔽体上孔缝的尺寸相当，从而导致屏蔽体的孔缝泄漏成为电磁屏蔽最关键的控制要素；另外，机载设备机箱和电缆线束外层的良好接地也是电磁屏蔽重要的控制要素。无人机机载设备的孔缝主要有设备机箱接缝、连接器与机箱之间的接触缝隙及连接器与电缆线束接缝。因此，在机载设备电磁屏蔽设计中，必须对于孔缝泄漏进行抑制和良好接地，以达到很好的电磁屏蔽效果和电磁兼容性。

另外，通过改善系统布局可有效降低关键设备受到的电磁干扰，主要遵循以下原则：关键设备尽量远离机身干扰源；飞行控制系统、测量元件是飞行安全的核心，应使其远离电调、电机线路等大电流设备及接缝、孔洞等外界干扰源，也可对机体内空间进行分割隔离，降低设备间的电磁干扰；大电流线路应独立于其他线路走线，同时应避免与其他电线长距离平行走线，以减少输出电压快速变化而引起的电磁干扰。

电回路与信号回路交叉时，应使其按90°角交叉，同时必须用合适的扎带固定到安装板上。当有线路经过孔缝时，应尽量使线路沿孔缝方向或平行于孔缝布线，避免跨越孔缝，以免孔缝在线路电场作用下发生天线效应，向外辐射信号对周围设备产生电磁干扰。

2. 加强无人机的外部电磁防护能力

现代城市环境中，各种电子设备的广泛使用，以及自然雷电、静电放电等电磁源，使无人机系统所处环境变得更加恶劣，同时还存在恶意使用电磁技术干扰无人机飞行作业的行为。因此，电磁脉冲防护对这种强电磁环境中无人机系统的飞行安全，以及作业任务的完成具有十分重要的意义。无人机外部电磁防护措施主要有以下两点。

（1）对无人机系统采取较好的屏蔽措施。如果没有屏蔽或屏蔽很弱，则空间的强电磁脉冲将直接作用于机载设备电子器件内部，感应出高电压和强电流损坏器件和设备。必要时可考虑采用多级保护和屏蔽措施。

（2）切断电磁信号耦合进入系统的通道。任何输入或输出线缆都可视为强电磁脉冲进入系统的天线，所以应尽可能使用光通信设计方案代替其他通信手段，消除天线效应。不能用光通信代替的，例如电源输入，可采用降低输入频带、增加低通滤波的办法来降低耦合。

思 考 题

1. 无人机面临的复杂电磁环境包括哪几个方面？
2. 复杂电磁环境对无人机造成的影响表现在哪几个方面？
3. 电磁防护的三条基本原则是什么？

第五章

无人机飞行手册

无人机飞行手册是由无人机制造商编制并由民航局批准的文档。它特定于无人机的型号和注册序号,包含对无人机的操作程序和若干操作限制,无人机操纵员在操作过程中必须遵守该无人机飞行手册中阐明的操作规范。无人机飞行手册按照中国航空器拥有者及驾驶员协会(中国 AOPA)制定的《无人机飞行手册编写规范》规定的标准格式编写。本章介绍典型无人机飞行手册的主要内容,包括无人机飞行正常程序、飞行应急程序,飞行性能与限制,质量、配平、载荷清单,运行、保养、维护等方面的内容。

第一节 正常飞行程序

无人机飞行手册中,正常飞行程序的说明以正常的空速列表开始,包括无人机各飞行阶段的操作控制程序、无人机操纵员的指令表和检查单。

一、正常飞行的基本控制方法

无人机正常飞行时的飞行控制通过升降舵、副翼、方向舵、风门来实现。

在各个飞行阶段,升降舵按照给定俯仰角、当前俯仰角、俯仰角速度做纵向控制;副翼按照给定滚转角、当前滚转角做横向控制;方向舵按照当前滚转角、当前航向角速度做协调转弯控制,并叠加各阶段确定的方向舵叠加量,做侧向控制。

在不同的飞行阶段,风门控制有两种方式:一是风门闭环控制空速,即按照给定空速、当前空速自动调节风门;二是锁定风门,通过调节给定俯仰角控制空速。

当侧偏距控制有效时,则按照侧偏距、侧偏速计算给定滚转角来进行无人机的转弯控制。

二、各飞行阶段的操作程序与指令

无人机飞行手册中的操作指令与说明应该覆盖无人机的各个飞行阶段，主要包括地面等待段、起飞滑跑段、起飞离地段、爬升段、定高段、下降段、下滑段、拉平段、滚转改平段、着陆滑跑段等。

三、操作指令表

无人机正常飞行的操纵指令表针对无人机飞行操纵员和起降操纵员制定。

对无人机飞行操纵员而言，操纵指令表包括在无人机各个飞行阶段的操作条件、操作内容、相关参数、空速列表及检查等内容。

对无人机起降操纵员而言，操纵指令表包括在起降阶段的操作条件、操作内容、相关参数、空速列表及检查等内容。

四、检查单

检查单为无人机正常飞行程序提供不同程度的详细检查信息。在无人机操纵过程中为避免遗漏重要步骤，应使用正确的检查单来指导整个飞行过程。无人机正常飞行程序下的检查单包括以下内容：

（1）起飞前飞行检查单；
（2）起飞前地面站检查单；
（3）起飞前通信链路检查单；
（4）发动机启动检查单；
（5）滑行检查单；
（6）起飞检查单；
（7）爬升检查单；
（8）巡航检查单；
（9）任务载荷检查单；
（10）下降检查单；
（11）着陆前检查单；
（12）复飞检查单；
（13）着陆后检查单；
（14）飞行后检查单。

第二节 应急飞行程序

在无人机的操纵与飞行过程中，为避免无人机出现坠机、飞行任务失败等事故，常需要针对不同类型的紧急和危急情况，按照通用应急操作程序进行处理，以保证无人机的飞行安全。

无人机可能遇到的危急情况包括动力装置故障、起落架故障（回收着陆装置故障）、飞控系统故障、舵面故障、电气系统故障、地面站操作系统故障、下行通信链路故障、进入危险姿态等。

无人机可能遇到的紧急情况包括起飞前自检过程剧烈跳舵、导航系统故障、上行通信链路故障、地面站显示系统故障、任务载荷设备故障、进入强气流等。

在无人机飞行手册应急程序部分,为保证操纵员能够快速处置不同类型的紧急和危急情况,应建立简洁和便于操作的应急检查单,用来描述建议的操作和空速。应急操作程序中还应包括各个飞行阶段、各种故障现象时的应急处置方案,以及执行的人员等叙述。

无人机应急操作程序中还应包括设备故障处置预案,它是针对无人机在地面滑跑、起飞、巡航到着陆各阶段可能出现的非正常情况的处置方案,以及各个机载设备(测控除外)在各个故障现象时的处置方案。

典型的应急操作有如下几种:
(1) 动力装置重启;
(2) 备份系统切换;
(3) 迫降着陆操作;
(4) 规避电磁干扰区域;
(5) 无人机失控后的寻找。

一、应急情况评估

无人机的应急情况按照严重程度可以划分为危急情况和紧急情况。

在无人机遇到上述危急和紧急情况时,地面站一般会进行声光报警。当导航系统GPS定位出现故障时,地面站发出特殊报警声。当遇到总电压和舵机电压异常等电气系统故障时,地面站也会发出特殊报警声。空速表显示空速过低或者过高,针柄灯变为红色报警;高度表显示气压高度低于最低设定高度,针柄灯变为红色并有报警声;如果转速表显示转速为零,针柄灯变为红色并有报警声;如果显示爬升率过大或者俯冲速度过大,针柄灯变为红色并有报警声。

二、应急航线规划

无人机的航线规划包括飞行前预规划和飞行过程中的重规划两种。无人机的应急航线规划属于重规划的范畴,它的目的是考虑到无人机所面临的各种异常应急情况,通过规划安全返航通道和应急迫降点,制定航线转移策略来确保无人机的安全返航。应急航线规划要综合考虑无人机系统本身的约束条件、目标任务需求和应急情况,保证无人机在应急情况出现时能从航线上的任意点转入安全返航通道或从安全返航通道转向应急迫降点。

在无人机出现各种应急情况时,无人机操纵手根据应急着陆场的位置操纵无人机沿着规划的应急航线飞行,并保持规定的高度、速度安全返回着陆。应急航线的建立包括以下内容:

(1) 检查无人机平台、动力装置、任务载荷设备的故障状态;
(2) 规划好正常着陆场和应急迫降点;
(3) 决定采用自动控制还是手动控制方式;

(4) 规划起落架、襟翼收放时机或回收着陆装置释放时机;
(5) 在无人机遇到应急情况时,优先考虑第一时间飞回本场上空。

三、应急程序操作

(一) 应急操作原则与处置权限

无人机应急操作的处置原则为:当出现故障或紧急情况时,在优先考虑人员安全的前提下,应力保飞行安全,该准备时要准备,该规避时要规避,该返航时要返航,该通报时要通报,禁止盲目蛮干。

无人机的应急处置权限如下。

(1) 在无人机发动机停车且再次启动失败和重大电气故障无法提供电源时,立即报告飞行指挥,并按照飞行指挥确定的迫降点尽快启动应急处置预案控制无人机避开人口密集地区进行迫降。

(2) 当无人机出现其他故障时,操作人员按照应急操纵程序和设备故障处置程序立即进行处置,保证飞行安全,随即报告飞行指挥,后续处理按照飞行指挥意见和应急处置预案进行。

(二) 典型情况下的应急操作程序

(1) 无人机遇到动力装置故障时,无人机操纵员需要对动力装置进行重启操作。如果动力装置无法重启,则进行无人机滑翔和迫降操作。

(2) 无人机遇到起落架故障或回收着陆装置故障时,无人机操纵员需要对其进行迫降着陆操作。无人机操纵员应控制无人机,使之保持直线飞行,并逐渐加大拉杆量使飞机以最小冲击力滑落。

(3) 无人机遇到电气系统故障时,无人机操纵员应采用备份系统切换操作。

(4) 起飞前无人机自检过程中遇到剧烈跳舵的问题,可能是陀螺的自检过程受到干扰或遥控器开关位置不对。此时无人机操纵员应该检查遥控器开关位置是否在默认位置,并按照先开遥控器开关再开接收机开关的顺序重新开机,地勤人员帮助找出并排除陀螺自检过程的干扰因素。

(5) 无人机遇到导航系统 GPS 定位出现故障时,可能是 GPS 设备受到强电磁场干扰或无线通信链路受到干扰。为应对无人机导航系统 GPS 定位故障,无人机操纵员应在飞行前准备一份任务区域详细的地图,并且事先在航线上标出明显的地形地物。在遥控飞行期间,无人机操纵员须密切观察飞行前发回的 GPS 数据,了解飞行区域的电磁情况。无人机操纵员通过爬升高度或适当降低高度设法遥控无人机避开电磁干扰区域,以期 GPS 定位数传链路功能恢复正常。

(6) 遇到地面站显示系统故障时,此时在地面站已无法获取图像,无人机操纵员应根据 GPS 导航数据和航迹显示操纵无人机返回,在返航过程中应密切关注无人机的高度和速度变化,尽量弥补返航过程中无法获得地面站图像的缺陷。

(7) 遇到无人机导航系统和地面站显示系统同时出现故障时,无人机操纵员无法获得 GPS 信号和图像信号,该种故障一般情况下难以短时间内排除,此时需要迅速熄火(配备回收着陆装置的无人机熄火后还应该开伞)并记录信号消失前无人机所在位置的 GPS 定位坐标,再根据风向和弧形飞行曲线的切线方向迅速派人前往寻找坠地的无人机。

(三) 应急检查单

无人机制造商需要按照操纵动作的顺序以简写形式给出应急检查单,并编制无人机"异常程序"下的操作建议。在无人机飞行手册中,含有详细说明的检查单提供了关于简写检查单之后应急操作程序的额外信息。为应对无人机可能出现的危急情况和紧急情况,无人机操纵员应牢记应急程序中须立即执行的动作项目,完成后要参考对应的应急检查单。

第三节 飞行性能与限制

一、飞行性能

无人机飞行手册中的性能部分包含无人机认证规章要求的所有性能信息,以及制造商认为可以增强操纵员安全系数的任何额外性能信息。无人机手册中常用性能图表、性能表格和性能曲线图等形式来说明无人机飞行性能信息,这些飞行性能信息通常包括:无人机的飞行包线,包括无人机在各个飞行阶段的速度控制需求,不同高度、质量、滚转角条件下的失速速度表格,不同组合条件下的俯仰角曲线或表格,起飞、爬升、巡航、着陆性能图。

图 5.1 显示了某无人机在不同质量和滚转角条件下的失速速度表格。

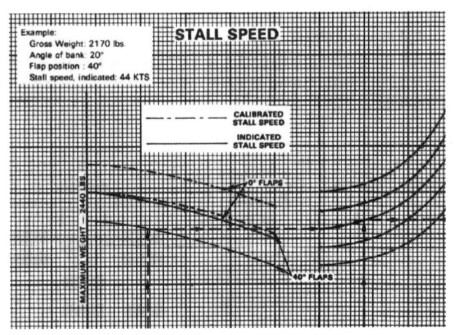

图 5.1 某无人机在不同质量和滚转角条件下的失速速度表格

二、飞行限制

无人机飞行手册中的飞行限制部分包括规章要求的与航空器平台、动力装置、地面站和通信链路设备运行所必需的限制,通常包括空速限制、动力装置限制、质量和载荷分布限制、飞行边界限制、标牌等内容。

(一)空速限制

空速限制是通过色标显示在地面站软件的空速指示器上,或显示在地面站其他的标牌或图表上。

(二)动力装置限制

无人机的动力装置限制指的是无人机的燃油发动机或者电动机的运行限制,它通过色标仪表插件或数字显示在地面站软件的油门指示器上,或显示在地面站其他的标牌和图表上。对于所有使用活塞发动机的无人机,地面站显示系统应为每台发动机配备转速指示器,以方便判断转速是否超限。

动力装置限制主要包括以下内容。

(1)起飞油门位置(如115%);
(2)最大连续油门位置(如100%);
(3)最大正常运行油门位置(如50%~90%);
(4)最小和最大燃油压力;
(5)最小和最大润滑油压力;
(6)螺旋桨运行限制。

(三)质量和载荷分布限制

无人机的质量和载荷分布限制指的是无人机最大认证质量和重心范围,质量和配平部分应在无人机飞行手册和无人机操作手册中的配平部分予以体现。图5.2展示了飞机的质量和载荷分布计算示意图。

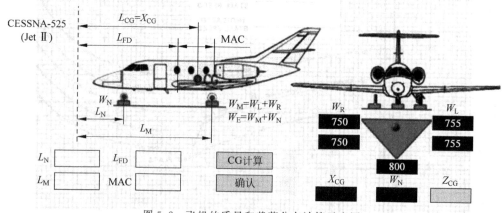

图5.2 飞机的质量和载荷分布计算示意图

(四)飞行边界限制

飞行边界限制主要是指无人机在各种条件下飞行的边界条件。无人机的飞行边界限制主要包括以下内容：
(1) 降落或回收的限制；
(2) 飞行载荷因子限制；
(3) 允许的机动；
(4) 禁止的机动。

(五) 标牌

无人机的标牌通常安装在飞行器平台、地面站、通信线路或其他辅助设备的显著位置上。标牌复制了无人机飞行手册的限制部分或者根据适航指示表明了某些信息。图5.3展示了无人机的部分标牌。

图 5.3 无人机的部分标牌

第四节 质量、配平、载荷清单

无人机飞行手册中的质量、配平、载荷清单部分包含民航局要求的用于计算无人机质量和配平的所有信息，同时无人机制造商还会添加一些有关任务载荷安装的示范性说明。

一、质量与配平

(一) 无人机质量、重心测量的作用和时机

无人机的质量会影响飞行性能，特别是空机质量直接影响可加装的燃油质量，进而影响无人机的续航时间；无人机的重心直接影响无人机飞行的稳定性，进而影响飞行安全。因此，对每一架无人机均应在适当的时机进行空机质量、重心测量，以确定无人机的实际质量和重心位置，并调整重心到设计位置。

在以下情况下应进行无人机质量、重心的测量与调整。
(1) 无人机出厂首飞前；
(2) 当无人机技术状态发生改变，可能导致无人机质量和重心变化，则在新技术状态下的首次飞行前应进行质量、重心测量与调整。

(二) 状态和技术要求

无人机质量、重心测量依据《质量重心测量技术条件》执行。

1. 技术状态

（1）空机状态，安装所有机载设备，除去燃油（不包括死油），滑油和冷却液按飞行要求加注；

（2）起落架放下，松开，各舵面处于中立位置，襟翼收起，各口盖处于关闭状态。

2. 技术要求

（1）无人机称重应在无风、地面平整的场地进行。

（2）称重前应按无人机称重状态要求，检查无人机状态，如有多装或少装项目必须逐项登记项目的质量、重心位置，称重结束后应予以修正。

（3）称重前，在无人机机身的水平基准面上，将无人机调为水平，进行测量。

（4）称重所需仪器、设备的精度必须符合《飞机重量与重心公差》(HB5862—1984)的规定，测量精度误差小于0.1%FS（满量程）。

（5）称重所用的测量仪及测量工具应在检定有效期内。

① 称重前，测量仪读数应调零。称重时在各测量仪都打开的情况下同时读数；

② 为保证安全，称重时要有安全措施，如加挡块保护以防止称重过程中无人机从称重设备上滑落或倾斜，导致无人机损坏。

质量、重心要求：重心调整至合格范围后的质量方可作为无人机最终状态的质量。不同的无人机都有各自的质量和重心精度（误差范围）要求。

(三) 质量、重心的计算

无人机起落架三点称重，根据几何位置关系计算质量、重心。必要时，重复测量2~3次，取其平均值作为该称重状态无人机的质量。无人机重心沿 X 轴方向坐标位置最为重要。有时需要计算无人机重心在平均气动弦上的相对位置。另外，还要考虑燃油消耗对于重心的影响，按照无人机实际用油顺序，得到燃油在消耗过程中的无人机重心变化规律。估算无人机重心时，可将规律数据与无人机空重及滑油质量加以综合，即可得出全机重心。

(四) 重心调整

测得空机重心偏前或偏后，则需加装配重以调整重心。

配重的质量和安装方式，通常为无人机机体结构设计的一部分，在前舱、后舱或某个位置留有专门的配重安装接口，可安装标准规格的配重板、配重块。按照配重的位置，计算所需加装的配重质量。

配重安装的要求如下。

（1）计算得到配重质量，按照实际配重规格酌情取整。

（2）在尾撑上安装配重时，左、右尾撑安装配重的质量差别不大于1kg，在左、右测量仪读数较轻的一侧安装较重的配重。

（3）安装配重后，应再次进行质量、重心测量，确认重心无偏移。

二、任务载荷清单

侦察和监视是无人机的首要任务，是无人机应用最早最多的领域。以下以光电侦察设备和雷达侦察设备为例，对任务载荷清单进行介绍。

无人机安装的光电侦察设备主要有CCD电视摄像机、前视红外仪、红外行扫仪、激光测距/目标指示器、航空照相机、数码相机、激光雷达等。CCD电视摄像机、前视红外仪、红外行扫仪、数码相机具有实时信号传输的能力。其中，CCD电视摄像机、数码相机主要在昼间使用，前视红外仪、红外行扫仪主要用于夜间和能见度较差的情况下。航空照相机虽具有极高的分辨率，但需回收冲洗，不能满足实时情报的军事要求，正让位于高分辨率的数码照相机和CCD电视摄像机。机载可见光成像技术要求摄像系统体积小、质量轻、功耗低、寿命长、可靠性高、耐冲击等，目前CCD电视摄像机仍是满足这些要求的首选，这使它在无人机中获得了广泛应用。另外，CCD电视摄像机易于和红外焦平面阵列结合组成多光谱摄像系统。红外行扫仪和前视红外仪属于机载无源探测设备，其最大优点是能探测地面物体自然的红外辐射。

无人机安装的雷达侦察设备主要是SAR/GMTI雷达，可以工作在普查、详查、聚束和GMTI等模式下。雷达侦察设备可以全天候、全天时工作。

第五节 运行、保养和维护

无人机的运行、保养和维护部分描述了由无人机制造商和相关法律法规建议的对无人机系统的维护和检查信息。该部分可包含由认证的无人机操纵员完成的预防性维护，也可包括制造商建议的地面处理程序。

无人机的运行、保养和维护包括对地面保障设备、工具的基本要求，安全规则，无人机系统机务准备，无人机各分系统设备的保管四部分内容。

一、对地面保障设备工具的基本要求

无人机的使用和维护所需的地面保障设备应包括托架，质量、重心自动测量仪，光学水平仪，地面综合检测车，飞机牵引车及牵引杆，加油机，胎压测量工具等以及相关配套设备。测量设备应检定合格并在有效期内。

二、安全规则

运输安全要求：当无人机由机库被牵引到机场跑道时，在无人机周围10m之内严禁行人走动。在路口、拐弯处需要专人把守，以免出现无人机被剐蹭事故。

野外工作安全要求：当无人机在野外测试或停留时，如遇雨雪天气必须采取防雨雪措施，以免发生因雨雪造成无人机蒙皮损毁或机载设备因受潮出现故障。

地面测试安全要求：当无人机在维护时，由于卫星通信系统可能开启，会产生电磁辐射，因此无人机周围10m内严禁人员停留。

三、无人机系统机务准备

无人机的连接与拆卸：当无人机通过公路或铁路转场或定期检查和大修时，均需对无人机进行拆装。手册该部分需要简述飞机各大部件连接操作的基本程序、所需工装及注意

事项。

无人机质量、重心计算：与本章第四节所述质量、重心计算方法基本相同。质量、重心的测量与计算属于地面保障的内容。手册该部分应简述具体的操作程序、过程。

无人机的牵引：无人机的牵引由专人负责，牵引过程应实行慢速控制，遇到拐弯处应逐步拐过，切记不能直接拐死弯。牵引中，应注意观察无人机的四周，防止移动过程中机翼被其他物体剐蹭。

无人机的外场维护：预先机务准备工作主要有发动机加油（燃、滑油及冷却液）、胎压检测、前后机舱内机载任务设备的电缆连接检查、加装银锌蓄电池等工作内容。飞行前机务准备工作主要包括飞行前的通电检查和测试、打通链路、发动机起动、飞行滑跑测试等。飞行后机务准备工作主要包括任务数据的下载、取下银锌蓄电池、无人机的牵引等。

四、无人机各分系统设备的保管

无人机各分系统设备的保管主要包括无人机的存放（放入机库、机罩、轮胎等）、发动机的油封（内部油封、外部油封）、任务载荷设备的存放等。

五、预防性维护、修理和更换

预防性维护指的是对无人机进行的简单的、次要的操作以及无人机小配件、设备的更换。经过认证的无人机操纵员可以对其拥有或运作的无人机进行预防性维护。

无人机的修理和更换可以分为重要级和次要级两个等级。其中重要级修理和更换一般由民航局相关文件进行规定和描述，由民航局评级的认证维修站或持有检查授权的民航局认证人员或民航局代表批准后执行修理和更换。

第 六 章

飞行器活动的管理组织

为保证空中飞行器的安全有序运行,国际组织和各国政府都成立了相应的安全管理部门,制定空中秩序和安全运行规则与标准。本章简单介绍国际民用航空组织,详细介绍国内管理组织。

第一节 国际民用航空组织的组织体系

一、国际民用航空组织

(一) 简介

国际民用航空组织(International Civil Aviation Organization,ICAO)的前身是根据1919年《巴黎公约》成立的空中航行国际委员会。由于第二次世界大战对航空器技术发展起到了巨大的推动作用,使得世界上形成了一个包括客货运输在内的航线网络,但随之而来的是一系列急需国际社会协商解决的政治上和技术上的问题。因此,在美国政府的邀请下,52个国家的代表于1944年11月1日—12月7日参加了在芝加哥召开的国际会议,签订了《国际民用航空公约》(通称《芝加哥公约》),按照公约规定成立了临时国际民航组织(PICAO)。

1947年4月4日,《芝加哥公约》正式生效,国际民航组织也因之正式成立,并于5月6日召开了第一次大会。同年5月13日,国际民航组织正式成为联合国的一个专门机构。

1947年12月31日,"空中航行国际委员会"终止,并将其资产转移给"国际民用航空组织"(图6.1)。

中国是国际民航组织的创始成员国之一。2013年9月28日,中国在加拿大蒙特利尔召开的国际民航组织第38届大会上再次(第四次)当选为一类理事国。

由于民用无人机在全球范围内发展迅速,国际民航组织已经开始为无人机系统制定标准和建议措施(SARPs)、空中航行服务程序(PANS)和指导材料。这些标准和建议措施预计将在未来几年成熟,因此多个国家发布了管理规定。

(二) 宗旨和目的

国际民航组织的宗旨和目的在于发展国际航行的原则和技术,促进国际航空运输的规划和发展,以实现下列各项目标。

图 6.1　国际民用航空组织标志

(1) 确保全世界国际民用航空安全、有秩序地发展;
(2) 鼓励为和平用途的航空器的设计和操作技术;
(3) 鼓励发展国际民用航空应用的航路、机场和航行设施;
(4) 满足世界人民对安全、正常、有效和经济的航空运输的需要;
(5) 防止因不合理的竞争而造成经济上的浪费;
(6) 保证缔约各国的权利充分受到尊重,每个缔约国均有经营国际空运企业的公平的机会;
(7) 避免各缔约国之间的差别待遇;
(8) 促进国际航行的飞行安全;
(9) 普遍促进国际民用航空在各方面的发展。

以上 9 条共涉及国际航行和国际航空运输两方面问题。前者为技术问题,主要是安全;后者为经济和法律问题,主要是公平合理、尊重主权。两者的共同目的是保证国际民航安全、正常、有效和有序的发展。基于以上宗旨和目的,国际民航组织必将能够处理好无人机飞行的技术、经济和法律问题,使无人机安全、有效地融入民航空域,保证无人机与国际民航正常、有序地发展。

(三) 主要活动

国际民航组织按照《芝加哥公约》的授权,发展国际航行的原则和技术。由于各种新技术飞速发展,全球经济环境也发生着巨大变化,为加强工作效率和针对性,持续保持对国际民用航空的主导地位,国际民航组织制订了"战略行动计划"(strategic action plan),重新确定了工作重点,于 1997 年 2 月由其理事会批准实施。

1. 法规

修订现行国际民航法规条款并制定新的法律文书。
(1) 敦促更多的国家加入关于不对民用航空器使用武力的《芝加哥公约》第 3 分条以及在包用、租用和换用航空器时由该航空器登记国向使用国移交某些安全职责的第 83 分条(我国均已加入)。
(2) 敦促更多的国家加入《国际航班过境协定》(我国尚未加入)。
(3) 起草关于统一承运人赔偿责任制度的《新华沙公约》。
(4) 起草关于导航卫星服务的国际法框架。

2. 航行

制定并更新关于航行的国际技术标准和建议措施是国际民航组织最主要的工作,《芝加哥公约》18 个附件中有 17 个都是涉及航行技术的。"战略行动计划"要求这一工作跟上国际民用航空的发展速度,保持这些标准和建议措施的适用性。

规划各地区的国际航路网络,授权有关国家对国际航行提供助航设施和空中交通与气象服务,对各国在其本国领土之内的航行设施和服务提出建议,是国际民航组织"地区规划"(regional air navigation planning)的职责,由 7 个地区办事处负责运作。各国越来越追求自己在国际航行中的利益,冲突和纠纷日益增多,致使国际民航组织的统一航行规划难以得到完全实施。"战略行动计划"要求加强地区规划机制的有效性,更好地协调各国的不同要求。

3. 安全监察

全球民航重大事故率为平均 1.44 架次/百万架次。随着航空运输量的增长,如果这一比率不降下来,事故的绝对次数将上升到不可接受的程度。国际民航组织从 20 世纪 90 年代初开始实施安全监察规划,主要内容为各国在自愿的基础上接受国际民航组织对其航空当局安全规章的完善程度以及航空公司运行安全水平的评估。这一规划已在第 32 届大会上发展成为强制性的"航空安全审计计划"(safety audit program),要求所有的缔约国必须接受国际民航组织的安全评估。

安全问题不仅在航空器运行中存在,在航行领域的其他方面也存在,例如空中交通管制和机场运行等。为涵盖安全监察规划未涉及的方面,国际民航组织还发起了"在航行域寻找安全缺陷计划"(program for identifying safety shortcomings in the air navigation field)。

作为航空安全的理论研究,目前实施的项目有"人类因素"(human factors)和"防止有控飞行撞地"(prevention of controlled flight into terrain)。

4. 制止非法干扰

制止非法干扰,即我国通称的安全保卫或空防安全。这项工作的重点为敦促各缔约国按照"安全保卫"规定的标准和建议措施,特别加强机场的安全保卫工作,同时大力开展国际民航组织的安全保卫培训规划。

5. 实施新航行系统

新航行系统,即国际民航组织通信、导航、监视/空中交通管制系统,是集计算机网络技术、卫星导航和通信技术以及高速数字数据通信技术为一体的革命性导航系统,将替换现行的陆基导航系统,大大提高航行效率。20 世纪 80 年代末由国际民航组织提出,90 年代初完成全球规划,现已进入过渡实施阶段。这种新系统要达到全球普遍适用的程度,尚有许多非技术问题要解决。"战略行动计划"要求攻克的难题包括卫星导航服务(GNSS)的法律框架、运行机构、全球各地区和各国实施进度的协调、融资与成本回收等。

6. 航空运输服务管理制度

国际民航组织在航空运输领域的重点工作为"简化手续",即"消除障碍以促进航空器及其旅客、机组、行李、货物和邮件自由地、畅通无阻地跨越国际边界"。《芝加哥公约》18 个附件中唯一不涉及航行技术问题的就是对简化手续制定标准的建议措施——"简化手续"。

在航空运输管理制度方面,1944 年的国际民航会议曾试图制定一个关于商业航空权的多边协定来取代大量的双边协定,但未获多数代表同意。因此,国家之间商业航空权的交换仍然由双边谈判来决定。国际民航组织在这方面的职责为：研究全球经济大环境变化对航空运输管理制度的影响，为各国提供分析报告和建议，为航空运输中的某些业务制定规范。"战略行动计划"要求国际民航组织开展的工作包括修订计算机订座系统营运行为规范、研究服务贸易总协定对航空运输管理制度的影响。

7. 统计

《芝加哥公约》第 54 条规定，理事会必须要求收集、审议和公布统计资料，各成员国有义务报送这些资料，这不仅对指导国际民航组织的审议工作是必要的，而且对协助各国民航当局根据现实情况制定民航政策也是必不可少的。这些统计资料主要包括承运人运输量、分航段运输量、飞行始发地和目的地、承运人财务、机队和人员、机场业务和财务、航路设施业务和财务、各国注册的航空器、安全、通用航空以及飞行员执照等。

国际民航组织的统计工作还包括经济预测和协助各国规划民航发展。

8. 技术合作

20 世纪 90 年代以前，联合国发展规划署援助资金中的 5％用于发展中国家的民航项目，委托给国际民航组织技术合作局实施。此后，该署改变援助重点，基本不给民航项目拨款。鉴于不少发展中国家引进民航新技术主要依靠外来资金，国际民航组织强调必须继续维持其技术合作机制，资金的来源，一是靠发达国家捐款，二是靠受援助国自筹资金，委托给国际民航组织技术合作局实施。不少发达国家认为国际民航组织技术合作机制效率低，养人多，还要从项目资金中提取 13％的管理费，很少向其捐款，主要选择以双边的方式直接同受援国实施项目。

9. 培训

国际民航组织向各国和各地区的民航训练学院提供援助，使其能向各国人员提供民航各专业领域的在职培训和国外训练。"战略行动计划"要求，今后培训方面的工作重点是加强课程的标准化和针对性。

二、国际航空运输协会

（一）简介

国际航空运输协会（international air transport association，IATA）是一个由世界各国航空公司组成的大型国际组织（图 6.2），其前身是 1919 年在海牙成立并在第二次世界大战时解体的国际航空业务协会，总部设在加拿大的蒙特利尔，执行机构设在日内瓦。与监管航空安全和航行规则的国际民航组织相比，它更像是一个由承运人（航空公司）组成的国际协调组织，管理在民航运输中出现的票价、危险品运输等问题。

国际航空运输协会从组织形式上是一个航空企业的行业联盟，属非官方性质的组织，但是由于世界上大多数国家的航空公司是国家所有，即使非国有的航空公司也受到所属国政府的强力干预或控制，因此航协实际上是一个半官方组织。它制定运价的

图 6.2 国际航空运输协会标志

活动,也必须在各国政府的授权下进行。它的清算对全世界联运票价的结算是一项有助于世界空运发展的公益事业,因而国际航协发挥着通过航空运输企业来协调和沟通政府间政策、解决实际运作困难的重要作用。

IATA 在 2016 年就发布警告称,民用无人机正对商业航空领域的安全造成"真正的、日益增长的威胁",并呼吁在严重的事故发生之前要制定法规进行管控,呼吁全球统一监管。

(二) IATA 的宗旨

(1) 为了世界人民的利益,促进安全、正常和经济的航空运输,扶植航空交通,并研究与此有关的问题;

(2) 为直接或间接从事国际航空运输工作的各空运企业提供合作的途径;

(3) 与国际民航组织及其他国际组织协力合作。

(三) 基本职能

协会的基本职能包括:国际航空运输规则的统一,业务代理,空运企业间的财务结算,技术合作,参与机场活动,协调国际航空客货运价,航空法律工作,帮助发展中国家的航空公司培训高级和专门人员。

(四) 主要活动

国际航空运输协会的活动分为三种。

(1) 同业活动——代表会员进行会外活动,向具有权威的国际组织和国家当局申述意见,以维护会员的利益。

(2) 协调活动——监督世界性的销售代表系统,建立经营标准和程序,协调国际航空运价。

(3) 行业服务活动——承办出版物、财务金融、市场调研、会议、培训等服务项目。

通过上述活动,统一国际航空运输的规则和承运条件,办理业务代理及空运企业间的财务结算,协调运价和班期时刻,促进技术合作,参与机场活动,进行人员培训等。

第二节 中国飞行组织体系

近年来,中国的民航事业快速发展,取得了举世瞩目的成就。民航事业的发展与国家的经济发展密不可分,随着无人机的发展,无人机与民航飞行之间的矛盾也越来越突出。我国民航组织体系的各部门都在积极探索有效措施,加强对无人机的监管,促进无人机合法飞行。

一、国家空中交通管制委员会

国务院、中央军委空中交通管制委员会(简称国家空管委)是中国空域管制的最高机构,领导全国飞行管制工作。国家空管委是国务院议事协调机构之一,具体工作由军委联合参谋部作战局承担。国家空管委的办事机构——国家空管委办公室,设在军方的军委联合参谋部,办公室主任由联合参谋部作战局局长兼任,具体工作由其协调。人员也主要来自中国人民解放军军队,具体工作由军委联合参谋部承担。

深化低空空域管理改革,是党中央、国务院、中央军委做出的重大战略决策。当前低空空域改革已经进入深水区和攻坚期,需要破解的矛盾和问题很多,任务艰巨繁重。2017年2—4月,全国多地发生无人机威胁民航航班飞行安全事件,严重影响正常的空中交通秩序,直接威胁航空旅客生命财产安全。中央领导高度重视,做出重要批示,要求强化管理、堵住漏洞。为确保航班飞行安全,规范空中秩序,引导无人驾驶航空器产业良性健康发展,国家空管委发布"无人机专项整治方案"文件。

(一)历史

1986年1月30日,邓小平同志批准成立国务院、中央军委空中交通管制委员会,国务院副总理任空管委主任,统一领导全国的空中交通管制工作。李鹏、邹家华、吴邦国、黄菊和张德江、马凯等同志先后担任过空管委主任。

2003年9月,国务院、中央军委空中交通管制委员会对空管工作提出了新的要求,指示尽快形成适应经济建设和国防安全要求的空管体制,进一步开发利用空域资源,满足经济建设、国防建设和社会发展的需求。中国空管事业进入了新的发展时期。

(二)主要职责

根据《中华人民共和国飞行基本规则》,国家空管委领导全国飞行管制工作,中国境内的飞行管制由空军统一组织实施,各飞行管制部门按照职责提供空中交通管制服务。

航路航线开通或者调整由民航局按照职责报总参或者空军审批,空中禁区、危险区、限制区由空军报军委联合参谋部审批,各类军事训练空域由空军或者战区空军审批。民航班机日常运行过程中的改航、绕航均须得到空军管制部门同意后方可执行。

有关军民航协调机制的调控,战略层面是国家空管委领导下由各部委及军兵种组成,办公室设在军委联合参谋部作战局;预战术层面是地区空管协调委领导下由地区军民航各单位组成,办公室设在战区空军航空管制处;战术层面由军民航相对应的管制运行单位组成。

我国的空管体制实行"统一管制、分别指挥"。在国务院、中央军委空中交通管制委员会的领导下,由空军负责实施全国的飞行管制,军用飞机由空军和海军航空兵实施指挥,民用飞行和外航飞行由民航实施指挥。

二、军方空中管制部门

航空管制是世界各国对自有领空进行管理的一种手段,一般都有明确的立法和规定。中国境内的飞行管制由空军统一组织实施,各有关飞行管制部门按照职责提供空中交通管制服务。

为减少管制协调环节,提高管制效能,保证飞行安全,适应军民航空管系统建设和联网的需要,根据国发〔1993〕67号《国务院、中央军委批转空中交通管制考察团关于出国考察空管体制情况报告及对我国空管体制改革意见请示的通知》和《我国空中交通管制第二步改革实施方案》的精神和要求,我国军民航管制区域进行了调整。全国(除台湾、香港地区外)划设7个飞行管制区,分别为沈阳、北京、兰州、济南、南京、广州和成都飞行管制区(区域范围附后);划设37个飞行管制分区(空军33个,海军4个)。

2015年的中央军委改革工作会议上,确立了构建军委—战区—部队的作战指挥体系和军委—军种—部队的领导管理体系,相应对全国军航飞行管制区域进行了调整,将全国(除台湾、香港地区外）划设 5 个飞行管制区，分别为沈阳、北京、南京、广州和成都飞行管制区，划设 28 个飞行管制分区。

沈阳飞行管制区内划设沈阳、长春、大连、青岛、济南和山海关 6 个飞行管制分区。
北京飞行管制区内划设北京、大同、西安和武汉 4 个飞行管制分区。
南京飞行管制区内划设南京、上海、福州、漳州和宁波 5 个飞行管制分区。
广州飞行管制区内划设广州、南宁、昆明和海口 4 个飞行管制分区。
成都飞行管制区内划设成都、拉萨、兰州、拉萨和乌鲁木齐 5 个飞行管制分区。

三、中国民用航空局

中国民用航空局简称"中国民航局"或"民航局"，英文简称为 CAAC（civil aviation administration of China），是民用航空相关单位。中国民航局是中华人民共和国国务院主管民用航空事业的由部委管理的国家局，归交通运输部管理。其前身为中国民用航空总局，在 1987 年以前曾承担中国民航的运营职能；2008 年 3 月，由国务院直属机构改制为部委管理的国家局，同时更名为中国民用航空局（图 6.3）。

图 6.3　中国民用航空局标志

（一）发展历史

中国民航局的发展主要历经下述四个阶段。

1. 第一阶段（1949—1978 年）

1949 年 11 月 2 日，中共中央政治局会议决定，在人民革命军事委员会下设民用航空局，受空军指导。11 月 9 日，中国航空公司总经理刘敬宜、中央航空公司总经理陈卓林率两公司在香港的员工光荣起义，并率领 12 架飞机回到北京、天津，为新中国民航建设提供了一定的物质和技术力量。1950 年，新中国民航初始时仅有 30 多架小型飞机，年旅客运输量仅 1 万人，运输总周转量仅 157 万 t·km。

1958 年 2 月 27 日，国务院通知中国民用航空局划归交通部领导。1958 年 3 月 19 日，全国人民代表大会常务委员会第 95 次会议批准国务院将中国民用航空局改为交通部的部属局。

1960 年 11 月 17 日，经国务院编制委员会讨论原则通过，决定中国民用航空局改称为"交通部民用航空总局"，为部署一级管理全国民用航空事业的综合性总局，负责经营管理运输航空和专业航空，直接领导地区民用航空管理局的工作。1962 年 4 月 13 日，第二届全国人民代表大会常务委员会第 53 次会议决定民航局的名称改为"中国民用航空总局"。

1962 年 4 月 15 日，中央决定将中国民用航空总局由交通部改为国务院直属局，其业务工作、党政工作、干部人事工作等均直归空军负责管理。

这一时期，中国民航局由于领导体制几经改变，航空运输发展受政治、经济影响较大。1978 年，航空旅客运输量仅为 231 万人，运输总周转量 3×10^8 t·km。

2. 第二阶段（1978—1987 年）

1978 年 10 月 9 日，邓小平同志指示民航要用经济观点管理。1980 年 3 月 5 日，中国政府决定民航脱离军队建制,把中国民航局从隶属于空军改为国务院直属机构,实行企业化管理。这期间中国民航局是政企合一,既是主管民航事务的政府部门,又是以"中国民航"(CAAC)名义直接经营航空运输、通用航空业务的全国性企业,下设北京、上海、广州、成都、兰州(后迁至西安)和沈阳6个地区管理局。

1980年,全民航只有140架运输飞机,且多数是20世纪50年代或40年代生产制造的苏式伊尔-14、里-2型飞机,载客量仅20多人或40人,载客量100人以上的中大型飞机只有17架;机场只有79个。1980年,中国民航全年旅客运输量仅343万人,全年运输总周转量4.29亿 t·km,居新加坡、印度、菲律宾、印度尼西亚等国之后,列世界民航第35位。

3. 第三阶段(1987—2002年)

1987年以前民航总局承担中国民航的运营职能。1987年中国政府决定对民航业进行以航空公司与机场分设为特征的体制改革,主要内容是将原民航北京、上海、广州、西安、成都和沈阳6个地区管理局的航空运输和通用航空相关业务、资产和人员分离出来,组建6个国家骨干航空公司,实行自主经营、自负盈亏、平等竞争。这6个国家骨干航空公司是中国国际航空公司、中国东方航空公司、中国南方航空公司、中国西南航空公司、中国西北航空公司和中国北方航空公司。此外,以经营通用航空业务为主并兼营航空运输业务的中国通用航空公司也于1989年7月成立。

在组建骨干航空公司的同时,在原民航北京管理局、上海管理局、广州管理局、成都管理局、西安管理局和沈阳管理局所在地的机场部分基础上组建了民航华北、华东、中南、西南、西北和东北6个地区管理局以及北京首都机场、上海虹桥机场、广州白云机场、成都双流机场、西安西关机场(现已迁至咸阳,改为西安咸阳机场)和沈阳桃仙机场。6个地区管理局既是管理地区民航事务的政府部门,又是企业,领导管理各民航省(区、市)局和机场。

航空运输服务保障系统也按专业化分工的要求进行了相应改革。1990年,在原民航各级供油部门的基础上组建了专门从事航空油料供应保障业务的中国航空油料总公司,该公司通过设在各机场的分支机构为航空公司提供油料供应。属于这类性质的单位还有从事航空器材(飞机、发动机等)进出口业务的中国航空器材公司,从事全国计算机订票销售系统管理与开发的计算机信息中心,为各航空公司提供航空运输国际结算服务的航空结算中心,以及飞机维修公司、航空食品公司等。

1993年4月19日,中国民航局改称中国民用航空总局,属国务院直属机构。12月20日,中国民用航空总局的机构规格由副部级调整为正部级。

20多年中,中国民航运输总周转量、旅客运输量和货物运输量年均增长分别达18%、16%和16%,高出世界平均水平2倍多。2002年,民航行业完成运输总周转量165亿 t·km、旅客运输量8594万人、货邮运输量202万 t,国际排位进一步上升,成为令人瞩目的民航大国。

4. 第四阶段(2002年至今)

2002年3月,中国政府决定对中国民航业再次进行重组。

航空公司与服务保障企业的联合重组。民航总局直属航空公司及服务保障企业合并后于2002年10月11日正式挂牌成立,组成为六大集团公司,分别是中国航空集团公司、东方航空集团公司、南方航空集团公司和中国民航信息集团公司、中国航空油料集团公司、中国航空器材进出口集团公司。成立后的集团公司与民航总局脱钩,交由中央管理。

民航政府监管机构改革。民航总局下属7个地区管理局(华北地区管理局、东北地区管理局、华东地区管理局、中南地区管理局、西南地区管理局、西北地区管理局和新疆管理局)和26个省级安全监督管理办公室(天津、河北、山西、内蒙古、大连、吉林、黑龙江、江苏、浙江、安徽、福建、江西、山东、青岛、河南、湖北、湖南、海南、广西、深圳、重庆、贵州、云南、甘肃、青海和宁夏),对民航事务实施监管。

机场实行属地管理。按照政企分开、属地管理的原则,对90个机场进行了属地化管理改革,民航总局直接管理的机场下放所在省(区、市)管理,相关资产、负债和人员一并划转;民航总局与地方政府联合管理的民用机场和军民合用机场,属民航总局管理的资产、负债及相关员一并划转所在省(区、市)管理。首都机场、西藏自治区区内的民用机场继续由民航总局管理。2004年7月8日,随着甘肃机场移交地方,机场属地化管理改革全面完成,也标志着民航体制改革全面完成。

2004年10月2日,在国际民航组织第35届大会上,中国以高票首次当选该组织一类理事国。

2004年,民航行业完成运输总周转量2.3×10^{10} t·km、旅客运输量1.2亿人、货邮运输量273万t、通用航空作业7.7万小时。截至2004年年底,中国定期航班航线达到1200条,其中国内航线(包括香港、澳门航线)975条,国际航线225条,境内民航定期航班通航机场133个(不含香港、澳门和台湾地区),形成了以北京、上海、广州机场为中心,以省会、旅游城市机场为枢纽,其他城市机场为支干,联结国内127个城市,联结38个国家80个城市的航空运输网络。民航机队规模不断扩大,截至2004年年底,中国民航拥有运输飞机754架,其中大中型飞机680架,均为世界上最先进的飞机。2004年中国民航运输总周转量达到230亿t·km(不包括香港、澳门以及台湾地区),在国际民航组织188个缔约国中名列第3位。

2008年3月,根据第十一届全国人大第一次会议通过的《国务院机构改革方案》,中国民用航空总局改组为中国民用航空局,由新组建的交通运输部管理。2016年12月,中国民航要求客机每15min报告飞行位置,预计2020年实现无缝监控。

(二) 机构职责

2009年国务院办公厅印发《中国民用航空局主要职责内设机构和人员编制规定的通知》,将原民航总局规范管理航空运输业、实施航空安全和空中交通管理、组织协调重大紧急航空运输任务等职责划入中国民航局,取消已由国务院公布取消的行政审批事项。其主要职责如下。

(1) 提出民航行业发展战略和中长期规划、与综合运输体系相关的专项规划建议,按规定拟订民航有关规划和年度计划并组织实施和监督检查。起草相关法律法规草案、规章草案、政策和标准,推进民航行业体制改革工作。

(2) 承担民航飞行安全和地面安全监管责任。负责民用航空器运营人、航空人员训练机构、民用航空产品及维修单位的审定和监督检查,负责危险品航空运输监管、民用航空器国籍登记和运行评审工作。负责机场飞行程序和运行最低标准监督管理工作,承担民航航空人员资格和民用航空卫生监督管理工作。

(3) 负责民航空中交通管理工作。编制民航空域规划,负责民航航路的建设和管理,负责民航通信导航监视、航行情报、航空气象的监督管理。

(4) 承担民航空防安全监管责任。负责民航安全保卫的监督管理,承担处置劫机、炸机及其他非法干扰民航事件相关工作,负责民航安全检查、机场公安及消防救援的监督管理。

(5)拟订民用航空器事故及事故征候标准,按规定调查处理民用航空器事故。组织协调民航突发事件应急处置,组织协调重大航空运输和通用航空任务,承担国防动员有关工作。

(6)负责民航机场建设和安全运行的监督管理。负责民用机场的场址、总体规划、工程设计审批和使用许可管理工作,承担民用机场的环境保护、土地使用、净空保护有关管理工作,负责民航专业工程质量的监督管理。

(7)承担航空运输和通用航空市场监管责任。监督检查民航运输服务标准及质量,维护航空消费者权益。负责航空运输和通用航空活动有关许可管理工作。

(8)负责民航建设项目的投资和管理,审核(审批)购租民用航空器的申请。监测民航行业经济效益和运行情况,负责民航行业统计工作。

(9)组织民航重大科技项目开发与应用,推进信息化建设。指导民航行业人力资源开发、科技、教育培训和节能减排工作。

(10)负责民航国际合作与外事工作,维护国家航空权益,开展与港澳台地区的交流与合作。

(11)管理民航地区行政机构、直属公安机构和空中警察队伍。

(12)承办国务院及交通运输部交办的其他事项。

(三)内设机构

根据上述职责,中国民航局设以下内设机构(副司局级)。

1. 综合司

负责机关文电、会务、机要、档案、政务公开、安全保密、新闻发布和信访等工作,承担重要文稿起草工作

2. 航空安全办公室(空管行业管理办公室)

组织协调民航行业系统安全管理工作,起草民航安全和空中交通管理政策、标准,拟订相关规划,监督、指导民航飞行安全、航空地面安全和空管运行安全工作;管理航空安全信息,发布航空安全指令,按规定组织或参与民用航空器事故及事故征候调查;拟订航班时刻和空域容量资源分配管理办法;承担民航空中交通管理相关人员资格、空管设备使用许可、民航无线电管理工作;依法指导重要飞行保障和民用航空器搜救援工作;承担民航应急工作、重大事项和突发事件处置的组织协调。

3. 政策法规司

组织起草民航法律法规和规章草案,组织开展相关政策研究;指导民航行业行政执法工作并监督检查;承办相关行政复议和行政应诉工作;指导民航行业体制改革;组织起草通用航空发展政策和标准,规范通用航空市场秩序;承办民用航空器权利登记工作。

4. 发展计划司

提出民航行业发展战略和中长期规划、与综合运输体系相关的专项规划建议,按规定组织编制和实施有关专项规划;承担民航建设项目投资和管理、行业价格、组织协调航油供应保障、行业统计有关工作;审核购租民用航空器的申请;监测行业运行情况;指导民航行业节能减排工作。

5. 财务司

提出民航行业财税等政策建议；监测民航行业经济效益；承担机关和直属单位的财务、资产管理和监督检查工作；承担民航政府性基金有关工作。

6. 人事科教司

承担机关及直属单位干部人事、机构编制、劳动工资管理工作；按权限承担直属单位领导干部管理工作；管理民航院校，指导民航行业人才队伍建设、教育培训、职业技能鉴定、科技和信息化工作。组织重大科技项目研究，承担民航行业职业资格有关管理工作，承担民航安全监察专员日常管理工作。

7. 国际司（港澳台办公室）

起草民航对外合作政策。承办民航国际合作、外事和对外航空权利谈判工作；承办与中国港澳台合作与交流有关事务；承办外国和中国港澳台航空运输企业常驻机构及人员的审核工作。

8. 运输司

规范航空运输市场秩序，监督管理服务质量；起草航空运输和航空消费者权益保护政策和标准并监督执行；承担航空运输企业及其航线航班经营许可管理工作；拟订并实施内地/大陆与港澳台地区航空运输安排；组织协调重大、特殊、紧急航空运输和通用航空任务；承担国防动员有关工作。

9. 飞行标准司

起草民航飞行运行、航空器维修、危险品航空运输和航空卫生政策及标准并监督执行；承担民用航空器运营人、航空人员训练机构及设备、民用航空器维修单位的审定和监督检查工作，承担民航飞行人员、飞行签派人员和维修人员的资格管理；审批机场飞行程序和运行最低标准并监督执行；承担民用航空器的运行评审工作。

10. 航空器适航审定司

起草民用航空产品适航管理的政策和标准；承担民用航空产品以及民航油料、化学产品的适航审定工作，并监督检查；承担民用航空器国籍登记；颁发适航指令；承担民航标准和计量有关工作。

11. 机场司

起草民用机场建设、安全、运营管理政策和标准并监督检查；承担民用机场的场址、总体规划、工程设计审核工作，承担民用机场及其专用设备使用许可管理工作；承担民航建设工程招投标、质量监督和相关单位资质管理工作，组织工程行业验收；承担民用机场应急救援、环境保护、土地使用、净空保护有关管理工作；承担机场内供油企业安全运行监督管理工作。

12. 公安局

承担民航行业空防安全监督管理工作；起草民航安全保卫管理的政策和标准，审核民航企事业单位航空安全保卫方案并监督执行；指导防范和处置非法干扰民航事件，承担处置劫机、炸机事件的综合协调和日常工作；指导和监督民航安全检查和空中安全保卫工作；组织、指导民航专机安全警卫和刑事侦查工作，监督管理机场公安及消防救援工作；管理直属公安队伍。公安局列入公安部序列，由中国民用航空局、公安部双重领导，党政工作以中国民用航空局领导为主，公安业务工作以公安部领导为主。

13. 机关党委（思想政治工作办公室）

负责机关离退休干部工作，指导直属单位的离退休干部工作。

四、中国民用航空安全监督管理局

以中国民用航空黑龙江安全监督管理局为例，其内设机构及其主要职责如下。

1. 综合处（应急管理办公室）

负责本局行政、机要保密、档案、信访、电子政务、财务、人事、法律事务等工作以及党组织建设、纪检、工会等党群工作；承担辖区内民航应急工作和重大事项的组织协调；承担辖区内民航规划、投资、价格监管，以及行业统计的相关工作；承担辖区内民航网络和信息安全监管工作。

2. 航空安全办公室

按授权，参与辖区内民航飞行事故、航空地面事故的调查，组织事故征候和不安全事件的调查工作，负责辖区内民用航空安全信息管理工作。

3. 运输处（国防动员办公室）

按授权，负责对辖区内民用航空运输和通用航空市场秩序、民用航空客货运输安全以及危险品航空运输实施监督管理，协调完成重大航空运输、通用航空任务；负责辖区内民用航空国防动员的有关工作。

4. 飞行标准处

按授权，承办辖区内民用航空运营人运行合格审定、飞行训练机构合格审定的有关事宜并实施监督管理；负责辖区内民用航空飞行人员、乘务人员的资格管理；监督管理辖区内的民用航空卫生工作。

5. 航务处

按授权，监督检查辖区内民用航空飞行程序及各类应急程序的执行情况，负责辖区内飞行签派人员的资格管理。

6. 适航处

按授权，承办辖区内民用航空器维修单位合格审定的有关事宜并实施监督管理；负责辖区内民用航空器持续适航及维修管理；负责辖区内航空器维修人员资格管理；按授权对航空器及其零部件、机载设备、材料等进行生产许可审定。

7. 机场处

按授权，负责对辖区内民用机场（含军民合用机场民用部分）的安全运行、总体规划、净空保护以及民航专业工程建设项目和航油企业安全运行等实施监督管理。

8. 空中交通管理处

按授权，监督检查辖区内民航空管系统运行和安全状况；组织协调辖区内专机、重要飞行保障和民用航空器搜寻救援工作；监督、检查辖区内航班时刻和空域容量等资源的使用状况；承办辖区内民航无线电管理等事宜。

9. 空防处

按授权，负责对辖区内民航企事业单位执行民用航空安全保卫法律、法规和规章情况实施监督检查；监督检查辖区内民用机场公安、安检、消防工作。

思 考 题

1. 国际民航组织的宗旨是什么?
2. 国际民航组织的职能有哪些?
3. 我国的飞行管理部门有哪些?
4. 国家空管委的职责是什么?
5. 中国民用航空管理局的职责有哪些?

第七章

相关法律法规

航空运输改变了传统运输业的模式,人类的生活也因此发生了巨大变化,人们的活动范围更大,活动内容更加丰富,国与国之间的联系也更加紧密,人们从民用航空活动中得到了巨大的利益和便利。但是,随着飞机应用到社会生活,随着航空运输业的快速发展,出现了许多需要解决的问题,诸如空气空间的法律地位问题、国际运输与国内运输的划分问题、定期航班与不定期航班的地位问题、航空运输的损害责任问题,随后又频繁出现了航空犯罪的问题。这些问题的出现,需要依赖国际社会的共识以及国际的相互协作与配合来解决。航空法就是在这样的需求下产生的一种法律体系。

第一节 民用航空法概述

理论上讲,航空法是规定领空主权、管理空中航行和民用航空活动的法律规范的总称,是调整民用航空活动及其相关领域中产生的社会关系的法律。这是广义的航空法。

狭义的航空法专指航空法典,如我国的《中华人民共和国民用航空法》、美国的《1958年联邦航空法》、俄罗斯的《联邦航空法》、英国的《民用航空法》等。

此外,从国际法视角看,航空法又专指调整国际航空运输活动的一系列条约体系构成的"国际航空法"。

民用航空法是指关于航空器运行以及民用航空活动的法律规范的总和。航空法不包括关于无线电传播和外层空间活动的法律规范,它们已分别形成了新的法律分支,即电信法和外层空间法。这里所说的"航空法"指的是国际法的一部分,为明确起见,也被称为"国际航空法"。

领空主权原则是一项根本性的法律制度,是航空法的基础。民用航空活动所产生的社会关系是航空法的主要调整对象。在和平时期和正常情况下,民用航空和非民用航空在同一空域活动时,应遵守统一的空中交通规则,实行统一的空中交通管制,必须统一管理空中航行,以保证空中航行的安全和畅通。所以,航空法是规定领空主权、管理空中航行和民用航空活动的法律规范的总称。

国内航空法是国内的重要法律,它涉及领空主权的宣告及其空域管理制度,规范民用航空行政管理行为,调整民用航空活动产生的民商法律关系,还涉及采用刑法手段保护民用航空的安全问题。

国际航空法是国际法的重要组成部分,它确立了领空主权的原则,调整国家之间开展民用航空活动产生的社会关系。

一、民用航空法的调整对象

航空法调整民用航空活动产生的社会关系的范围十分广泛,凡与航空器、航空器的正常状态、航空器的操作、航空器所有权及其正常转移、机场、信标、商业航空运输(客、货)及其国际通航、可能造成的损害责任、保险等有关的问题都属于航空法的范围,内容极其广泛和丰富。

民用航空与非民用航空的关系协调是非常重要的,其主要原因如下。

(1) 航空法关于领空主权的规定,是一切航空活动都须遵守的规则。

(2) 在同一空域中同时进行各种航空活动,不论是民用航空还是军用航空,为了保障飞行安全,都必须接受统一的空中交通管制,遵守统一的空中交通规则。

(3) 非民用航空部门参与民用航空活动都必须受航空法有关规定的约束。

因此,航空法是调整民用航空活动及其相关领域中产生的各种社会关系的法律。

二、民用航空法的特点

民用航空法是随着航空技术进步而发展起来的一个部门法律。民用航空法的专业性、技术性很强。它形成较晚,但发展较快,具有明显的国际性、统一性、独立性及平时法的特点。

1. 航空法的国际性

空气空间的立体存在性,无有形边界,无海洋与高山、河流阻隔,这种航空的特殊性决定了航空法的国际性;欧洲中、小国家林立,航空被当成国际最有效的交通工具,欧洲学者以及国际法学界通常认为航空法就是国际航空法;航空活动的国际性要求建立口岸、海关制度,也使它成为国际法的缩影,主权、管辖权、领土、国籍、国家之间及与国际法律实体之间的关系、统一私法与许多法律冲突等,也决定了航空法的国际性。

2. 航空法的统一性

航空法的统一性就是公法问题与私法问题的统一性。航空法兼具公法与私法,内容涉及国家主权、航空管理等公法内容,也涉及财产权利、合同法、侵权行为等私法内容。

3. 航空法的独立性

航空法的独立性是指航空法自成一类,成为一个独立的法律部门。航空法是否具有独立性、是否能成为一个独立的法律部门,历来就有两派观点,至今仍存在分歧。有的学者否认航空法的独立性,甚至否认航空法的存在,认为航空法没有丝毫新的内容,只是把各种现行法如国际公法、国际私法、海商法、行政法、刑法、商法等适用于空中航行;有的学者还认为航空法应无条件地将海商法适用于航空活动,在他们看来,只要看一个事实就能说明这一点,即海上和空中都是航行,都是离开陆地后,直至到达港口或降落之前,进行独立活动的交通方式。

不过大家一般认为航空活动创制出了国际法与国内法所没有的新的规则:航空登记国管辖权、降落地国管辖权、罪犯发现地国的准普遍管辖权,推动了国际法,特别是国际刑法的发展,因此具备独立性。

4. 航空法的平时法

航空法属于平时法,也就是说只适用民用航空活动,而不适用国家航空器。它的适用范围以平时为限,而不约束战争期间交战国或中立国的航空行为。有关航空器在战争时期用作武器和军事目的的一套规则已并入战争法中。1944年《芝加哥公约》第3条明确规定:"本公约仅适用于民用航空器",而不适用于"军事、海关和警察部门的航空器"。

三、民用航空法的渊源

随着人类征服空间进程的深入,飞行科学技术进一步发展,人类愈来愈广泛地利用航空运输为社会经济服务。当今世界,民用航空的发展状况是一个国家经济发展水平的重要标志,是国家现代化程度的象征。民用航空自诞生之日起,其性质就决定了它在很大程度上是一种国际运输。民用航空愈发展,其活动愈频繁,所涉及的社会关系就愈广泛,更加需要一种法律来确保这一行业的健康发展,民用航空法由此诞生。

航空法有国内法和国际法之分,处在两种不同的法律体系之中。因此,对航空法的渊源也需要分别进行研究。

(一) 航空法的历史发展

1784年巴黎市政府发布治安令:未经批准,不得放飞。这大概是人类历史上第一个航空法令。

航空活动除了在本国领空内进行,还在国际开展,国际航空运输活动的发展促使与国际航空运输相关的公约的制定和完善。1919年10月3日签订《空中航行管理公约》,1928年2月20日签订《泛美商业航空国际公约》,1929年签订《统一国际航空运输某些规则的公约》(《华沙公约》)。

1944年12月7日签订《国际民用航空公约》(《芝加哥公约》),根据该公约成立了国际民用航空组织。后来又签署了一系列世界性多边条约。此外,还有一批地区性多边条约以及各国之间签订的双边航空协定。比如,1963年签订了《东京公约》等三个反劫机公约,1999年签订了《蒙特利尔公约》,2010年签订了《北京公约》等。

随着科学技术的进步、国际政治和经济形势的变化,航空领域中也出现了很多新情况,对此都需要制定新的法律框架和规范,因此现代航空法在不断地发展变化。

(二) 航空法的法律渊源

这里的航空法渊源,是指航空法的形式渊源,即航空法的组成和表现形式。

1. 国内航空法的渊源

国内法是由特定的国家制定或认可,实施于该国主权所达范围之内的法律。

航空法有狭义和广义之分。狭义的航空法是指以"航空法"为名称的那部法律;广义的航空法是指规定领空主权,管理空中航行和民用航空活动的法律规范的总和。

2. 国际航空法的渊源

国际航空法是国际法的一部分。国际法的渊源就是国际航空法的渊源,但国际航空法的渊源有其自身特点。一般来说,国际法的渊源主要有两个,即条约和习惯。由于航空技术和发展水平迅速提高,航空立法基本上是与之同步的,所以目前的国际航空法最重要和主要的渊源是国际条约,而国际习惯不是国际航空法的主要渊源。依照国际法的渊源,国际民用航空法的渊源主要来自以下几方面。

(1) 国际条约。国际民用航空法的渊源主是国际条约。条约是国家及其他国际法主体所缔结,而以国际法为准,并确定其相互关系中的权利和义务的一种国际书面协议,也是国际法主体间相互交往的一种最普遍的法律形式。条约是国家间明示的协议,对各缔约国均有约束力。国际条约的名称很多,主要是条约、公约、协定、议定书、宪章、盟约、换文以及宣言等。

(2) 国际习惯。国际习惯也称国际惯例,是国际法最古老的渊源。国际习惯是国际航空法的一般渊源,当没有条约规定时,惯例就成为适用的原则。国际习惯有个形成的过程,一旦被国际社会所接受和承认,便成为国际习惯法规则,具有普遍的约束力。

(3) 国际法的一般法律原则。国际法的一般法律原则是指各国法律体系共有的一些原则。国际法的基本原则是指被各国公认的、具有普遍意义的、适用于国际法一切效力范围的、构成国际法基础和核心并具有强行法性质的国际法原则。

(4) 各国国内法及法院判例。对于没有国际条约、由国内法支配的其他航空法问题,外国法律就有可能成为民用航空活动的法律渊源。

(5) 相关国际组织的决议。国际组织的决议是现代国际生活中促成各国合作的一种有效的法律形式。从目前来看,国际组织的决议作为独立的国际法渊源,仅局限在一定的范围内,各个国际组织决议的法律效力问题不能一概而论,应在其组织章程规定的前提下具体决议,具体分析。随着国际社会的日趋组织化,国际合作的思想将进一步发展,国际依赖的事实将进一步加强。国际组织决议所涉及范围也日渐广泛,其成果与积极影响势必得到国际社会成员的充分肯定。

四、领空与领空主权

领空,是指主权国家领陆和领海上空的空气空间,是国家领土的组成部分。《巴黎航空公约》和《国际民用航空公约》规定,国家对其领土上空的空气空间享有绝对主权。领空主权是指领土之上空气空间享有完全的主权,目前现行国际法对于领空和外层空间没有定论。

国际空中航行应当遵循下述两条基本原则。

(1) 领空主权原则。外国航空器在航行过程中,如果需要经过一国领空,必须经过该国允许,并且应当遵守该国的法律制度。

(2) 在不属于任何国家领空的空气空间,航空器拥有自由航行的权力,但是必须遵守国际民用航空组织制定的统一的空中航行规则。

第二节 我国航空法规文件体系

我国民用航空法律体系主要是由航空法典、国务院有关民用航空的行政法规、民用航空规章、关于航空法的立法、司法和行政解释以及其他民用航空规范性文件等构成的。

近年来,我国出台了一系列通用航空市场准入、运行标准以及外商投资通用航空业等方面的法规、规章,初步建立了较为完善的通用航空法规体系。我国现行的通用航空法规体系包括法律、法规、规章、标准等。无人机作为通用航空的重要组成部分,国家民航局等部门也是参照通用航空的有关规则出台了相关管理政策征求意见稿,但因对无人机产业冲击较大,受到质疑而搁置,如2016年6月《民用无人机驾驶航空器系统适航管理要求(暂行)》和《民用无人驾驶航空器特殊适航证颁发和管理程序》等。

在讲述相关法律法规之前,先了解一下我国的航空法规文件体系。我国航空法规文件体系以《芝加哥公约》为基础,以《美国联邦航空条例》(FAR)和《欧洲联合航空规章》(JAR)及其他国家和地区的航空法律规章为主要参考内容,结合中国民航的实际情况,吸收过去颁布的规章文件中的适用部分而自成体系。我国的航空法规文件体系如图7.1所示。

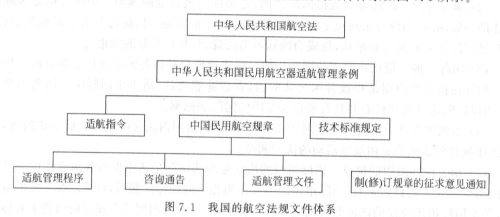

图 7.1 我国的航空法规文件体系

一、《中华人民共和国民用航空法》

《中华人民共和国民用航空法》由第八届全国人民代表大会常务委员会第十六次会议1995年10月30日经审议通过,自1996年3月1日实施。当前版本于2018年12月29日第十三届全国人民代表大会常务委员会第七次会议通过修正。

《中华人民共和国民用航空法》(简称《民用航空法》)是新中国第一部全面规范民用航空活动的法律,是我国民用航空发展史上的一个重要的里程碑。《民用航空法》是中国民用航空法律体系的核心,它全面规范了我国的民用航空活动。

《民用航空法》是从事民用航空活动的单位和个人都必须遵守的根本大法,其目的在于维护国家的领空主权和民用航空权利,保障民用航空活动安全有序地进行,保护民用航空活动当事人各方的合法权益,促进民用航空事业的发展。

《民用航空法》共16章,包括民用航空器国籍、权利、适航管理、航空人员、机场、空中航行、公共航空运输企业、公共航空运输、通用航空等内容。应该说,《民用航空法》中各项条款的规定均适用于中国民用航空中的通用航空。在《民用航空法》第10章中,对通用航空的定义、从事通用航空活动的人员或企业应当具备的条件、从事通用航空活动的要求等事项进行了规定和说明。

二、航空法令性文件

在实施《民用航空法》的基础上,基于民航行业的特殊性,国务院还会同民航局制定了一些专业性较强的航空法令性文件,要求从事民用航空活动的单位和个人遵守,以便从事民用航空活动的单位和个人在遵循《民用航空法》的基础上更好地实施这些准则。《中华人民共和国民用航空器适航管理条例》《中华人民共和国飞行基本规则》《通用航空飞行管制条例》等就是这类航空法令性文件。

(一)《中华人民共和国民用航空器适航管理条例》

《中华人民共和国民用航空器适航管理条例》(简称《适航条例》)于1987年5月4日由国务院颁布,目的在于保障民用航空安全,维护公众利益,促进民用航空事业的发展。在中华人民共和国境内从事民用航空器(含航空发动机和螺旋桨)的设计、生产、使用和维修的单位或者个人,向中华人民共和国出口民用航空器的单位或者个人,以及在中华人民共和国境外维修在中华人民共和国注册登记的民用航空器的单位或者个人,均须遵守本条例。民航管理人员应当在广泛征求航空工业部门及各有关部门意见的基础上,制定《适航条例》的实施细则及有关技术标准。

民用航空器的适航管理,是根据国家的有关规定,对民用航空器的设计、生产、使用和维修实施以确保飞行安全为目的的技术鉴定和监督。民用航空器的适航管理由民航局负责,必须执行规定的适航标准和程序。任何单位或者个人设计民用航空器,应当持航空工业部对该设计项目的审核批准文件,向民航局申请型号合格证。民航局接受型号合格证申请后,应当按照规定进行型号合格审定,审定合格的颁发型号合格证。

(二)《中华人民共和国飞行基本规则》

2000年7月24日,中华人民共和国国务院、中华人民共和国中央军事委员会令(第288号)公布了现行《中华人民共和国飞行基本规则》(简称《飞行基本规则》),根据2001年7月27日《国务院、中央军委关于修改〈中华人民共和国飞行基本规则〉的决定》第一次修订,根据2007年10月18日《国务院、中央军委关于修改〈中华人民共和国飞行基本规则〉的决定》第二次修订。制定本规则的目的在于维护国家领空主权,规范中华人民共和国境内的飞行活动,保障飞行活动安全有序地进行。凡辖有航空器的单位、个人和与飞行有关的人员及其飞行活动,必须遵守本规则。

《飞行基本规则》共分12章,包括总则,空域管理,飞行管制,机场区域内飞行,航路和航线飞行,飞行间隔,飞行指挥,飞行中特殊情况的处置,通信、导航、雷达、气象和航行情报保障,对外国航空器的特别规定,法律责任,附则。此外还包括3个附件,附件一:辅助指挥、联络的符号和信号;附件二:飞行高度层配准标准示意图;附件三:拦截航空器和被拦截航空器的动作信号。本规则自2001年8月1日零时起施行,国务院、中央军事委员会1977年4月21日颁发的《中华人民共和国飞行基本规则》同时废止。

（三）《通用航空飞行管制条例》

《通用航空飞行管制条例》(简称《通航飞行条例》)是根据《民用航空法》和《飞行基本规则》制定的，目的是促进通用航空事业的发展，规范通用航空飞行活动，保证飞行安全。该条例由中央军委和国务院于2003年1月10日联合发布，自2003年5月1日起施行。

《通航飞行条例》缩短了审批时间，简化了审批程序。规定了通用航空飞行保障收费，按照国家有关国内机场收费标准执行。《通航飞行条例》分为7章，包括总则、飞行空域的划设与使用、飞行活动的管理、飞行保障、升放和系留气球的规定、法律责任、附则等。在中华人民共和国境内从事升放无人驾驶自由气球和系留气球的活动，适用《通航飞行条例》的有关规定。

（四）通航法规现状

由于空域属于国家资源，空域分类涉及国家安全和公众利益，按照《中华人民共和国立法法》第8条的规定只能通过制定法律进行调整。我国航空领域现行有效的唯一一部《民用航空法》，由于调整范围仅限于民用航空，不能对空域管理进行全面规定，只有制定一部《航空法》才能从根本上解决空域分类管理以及与此相关的体制性问题，明确空域类别、管理体制、服务标准，简化使用空域的程序，保障各类空域用户使用空域的权利。

通用航空（含无人机）多是"低空、慢速、小目标"的低空飞行，航空器种类繁多，性能差异大，可靠性低，作业范围广，任务类型复杂，受环境因素影响大，保障手段不足，用户数量多，人员配置、组织教育薄弱。随着通用航空的不断发展，如果不能梳理齐管控体制，必然会带来不明空情增加、危机重要目标安全隐患增多、空中恐怖活动风险加大等问题。同时，由于我国未将限制使用空域和公共活动空域进行区分，空防必须对所有空域目标进行全程监控，客观上增加了空防安全压力。我国现行的《飞行基本规则》《通航飞行条例》虽然列举了航空活动应当遵守的规则，以及应当予以处罚的违规情形，但对于惩处违规行为的执法主体、执法程序、执法手段、惩罚措施缺乏明确的规定。

通用航空的发展、航空安全和空防安全是国家整体利益的不同方面，三者虽然在某些局部问题上有矛盾，但在国家利益全局上高度一致。为正确处理发展通用航空、保障航空和空防安全的关系、加强管理和合理利用的关系，只有建立完备的法规制度体系，制定国家层面的《航空法》，才能解决当前《民用航空法》《飞行基本准则》和《通航飞行条例》无法解决的空管安全和空防体制问题，集中空防资源保证重点目标空中安全，同时确立查处危害航空安全和空防安全行为的执法主体、执法程序、执法手段和惩罚措施，在确保国家空管空防安全的前提下实现通用航空的健康发展。

突破现行法规的限制，制定《航空法》，从法律层面把促进通用航空发展作为国家意志加以明确，是实现通用航空发展，充分发挥通用航空在促进经济发展、服务国民经济、国家应急救援、国防建设、维护社会安定等方面的重要作用的根本途径。为此，建议将《航空法》立法列入国家立法规划，加快立法进程。

三、中国民用航空规章

中国民用航空规章，是指由中国民用航空主管部门——中国民用航空总局依据《中华人民共和国民用航空法》和国际民用航空公约制定和发布的关于民用航空活动各个方面的专业性、具有法律效力的行政管理法规。在中国境内从事民用航空活动的任何个人或单位都必须遵守其各项规定。规章覆盖了民用航空的各个方面,涉及航空器管理、参与民航活动的人员执照、机场管理、航行管理、航空营运、空中交通管理、搜寻救援、事故调查等。每一个部分都由民航总局的有关专业部门拟定后,经局长签发后发布实施。为了和国际上的民航有关规定协调,中国民用航空规章按国际通行的编号分为许多部。

《中国民用航空规章》体系由15编共400部构成,主要参照了美国联邦航空管理规章(FAR)的管理体系,目前尚未全部完成,有待调整与完善。

第一编　行政程序规则(1~20部)
第二编　航空器(21~59部)
第三编　航空人员(60~70部)
第四编　空域、导航设施、空中交通管理和一般运行规则(71~120部)
第五编　民用航空企业合格审定及运输(121~139部)
第六编　学校、非航空人员及其他单位的合格审定及运行(140~149部)
第七编　民用机场建设和管理(150~179部)
第八编　委任代表规则(180~189部)
第九编　航空保险(190~199部)
第十编　综合调控规则(201~250部)
第十一编　航空基金(251~270部)
第十二编　航空运输规则(271~325部)
第十三编　航空保安(326~355部)
第十四编　科技和计量标准(356~390部)
第十五编　航空器搜寻救援和事故调查(391~400部)

第三节　我国现行无人机专题规定

随着无人机的发展及广泛应用,我国民航总局相继出台颁布了众多关于无人机的规定,民航总局也在一步步完善国内无人机的管理系统和条例。下面来了解一下相关规定(编写本书时所整理的规定都是最新的,如后期有更新,请以更新的为主)。

在了解无人机法规之前,需要弄懂无人机管理的一些基本概念。

一、常用基本概念

(一)隔离空域与非隔离空域

隔离空域是指专门分配给无人驾驶航空器系统运行的空域,通过限制其他航空器的进入以规避碰撞风险。

非隔离空域是指无人驾驶航空器系统与其他有人驾驶航空器同时运行的空域,也称融合空域。

(二)电子围栏

电子围栏是指为防止民用无人驾驶航空器飞入或者飞出特定区域,在相应电子地理范围中画出其区域边界,并配合飞行控制系统,保障区域安全的软硬件系统。

(三) 无人机云系统

无人机云系统(也称无人机云),是指轻小型民用无人机运行动态数据库系统,用于向无人机用户提供航行服务、气象服务等,对民用无人机运行数据(包括运营信息、位置、高度和速度等)进行实时监测。接入系统的无人机应即时上传飞行数据,无人机云系统对侵入电子围栏的无人机具有报警功能。相应地,能够为无人机用户提供无人机云服务并经民航局审定合格的企业,称为无人机云提供商或运营商。

(四) 驾驶员、机长和观测员

无人机系统驾驶员是指由运营人指派对无人机的运行负有必不可少责任并在飞行期间适时操纵无人机的人。

无人机系统的机长是指在系统运行时间内负责整个无人机系统运行和安全的驾驶员。

无人机观测员是指由运营人指定的训练有素的人员,通过目视观测无人机,协助无人机驾驶员实施安全飞行。

(五) 空域保持能力

空域保持能力是指具有高度与水平范围的控制能力。

(六) 分布式操作

分布式操作是指把无人机系统操作分解为多个子业务,部署在多个站点或者终端进行协同操作的模式,不要求个人具备对无人机系统的完全操作能力。

(七) 混合飞行

混合飞行是指无人机与有人驾驶航空器在同一空域内的飞行。

二、无人机相关主要规定

(一)《民用无人驾驶航空器系统空中交通管理办法》

2009年6月,中国民用航空局空中交通管理局与空管行业管理办公室联合出台了《民用无人机空中交通管理办法》(MD-TM-2009-002)。随着无人机应用领域和数量的增加,2016年9月空管行业管理办公室对原办法进行了修订,重新颁发了《民用无人驾驶航空器系统空中交通管理办法》(MD-TM-2016-004)。该办法对民用无人机飞行活动进行了管理,规范了空中交通管理的办法,保证民用航空活动的安全,制定了民用无人机空中交通管理的有关规定。该文件作为我国现阶段民用无人机空中交通管理办法,对无人机的空域管理、空中交通管理、无线电频率和设备的使用等方面给出了明确的要求。

(二)《民用无人机驾驶员管理规定》

伴随着民用无人机产业的蓬勃发展,为进一步加强民用无人机驾驶员的规范化管理,结合《轻小无人机运行管理规定》(AC-91-FS-2015-31),飞行标准司对原《民用无人驾驶航空器系统驾驶员管理暂行规定》(AC-61-FS-2013-20)进行了第二次修订,于2018年8月31日印发了《民用无人机驾驶员管理规定》(AC-61-FS-2018-20R2)。修订的主要内容包括调整监管模式,完善由中国民用航空局全面直接负责执照颁发的相关配套制度和标准,细化执照和等级颁发要求和程序,明确由行业协会颁发的原合格证转换为中国民用航空局颁发的执照的原则和方法。

《民用无人机驾驶员管理规定》明确以下几项特例。

(1) 下列情况下,无人机系统驾驶员自行负责,无须执照管理:

① 室内运行的无人机;

② Ⅰ、Ⅱ类无人机(如运行需要,驾驶员可在无人机云交换系统进行备案,备案内容应包括驾驶员真实身份信息、所使用的无人机型号,并通过在线法规测试);

③ 在人烟稀少、空旷的非人口稠密区进行试验的无人机。

(2) 在隔离空域和融合空域运行的除Ⅰ、Ⅱ类以外的无人机,其驾驶员执照由局方实施管理。

① 操纵视距内运行无人机的驾驶员,应当持有按本规定颁发的具备相应类别、分类等级的视距内等级驾驶员执照,并且在行使相应权利时随身携带该执照。

② 操纵超视距运行无人机的驾驶员,应当持有按本规定颁发的具备相应类别、分类等级的有效超视距等级的驾驶员执照,并且在行使相应权利时随身携带该执照。

③ 教员等级。

- 按本规则颁发的相应类别、分类等级的具备教员等级的驾驶员执照持有人,行使教员权利应当随身携带该执照。
- 未具备教员等级的驾驶员执照持有人不得从事下列活动:
  ——向准备获取单飞资格的人员提供训练;
  ——签字推荐申请人获取驾驶员执照或增加等级所必需的实践考试;
  ——签字推荐申请人参加理论考试或实践考试未通过后的补考;
  ——签署申请人的飞行经历记录本;
  ——在飞行经历记录本上签字,授予申请人单飞权利。

④ 植保类无人机分类等级:担任操纵植保无人机系统并负责无人机系统运行和安全的驾驶员,应当持有按本规定颁发的具备Ⅴ分类等级的驾驶员执照,或经农业农村部等部门规定的由符合资质要求的植保无人机生产企业自主负责的植保无人机操作人员培训考核。

协会颁发的驾驶员合格证怎么办?

自2018年9月1日起,民航局授权行业协会颁发的现行有效的无人机驾驶员合格证自动转换为民航局颁发的无人机驾驶员电子执照,原合格证所载明的权利一并转移至该电子执照。原Ⅶ分类等级(超视距运行的Ⅰ、Ⅱ类无人机)合格证载明的权利转移至Ⅲ分类等级电子执照。

(三)《民用无人驾驶航空器实名制登记管理规定》

为加强民用无人驾驶航空器(简称"民用无人机")的管理,民航局下发《民用无人驾驶航空器实名制登记管理规定》(简称《登记管理规定》),要求自2017年6月1日起,民用无人机的拥有者必须进行实名登记。

《登记管理规定》适用于在中华人民共和国境内最大起飞质量为250g以上(含250g)的民用无人机,民用无人机是指没有机载驾驶员操纵、自备飞行控制系统,并从事非军事、公安和海关飞行任务的航空器,不包括航空模型、无人驾驶自由气球和系留气球。《登记管理规定》要求,自2017年6月1日起,民用无人机制造商和民用无人机拥有者必须在"中国民用航空局民用无人机实名登记系统"https://uas.caac.gov.cn(简称"登记系统")上申请账户，民用无人机制造商在系统中填报其所有产品的信息，民用无人机拥有者在该系统中实名登记其个人及其拥有产品的信息，并将系统给定的登记标志粘贴在无人机上。

其中，民用无人制造商在登记系统中填报其产品的名称、型号、最大起飞质量、空机质量、产品类型、无人机购买者姓名和移动电话等信息，在产品外包装明显位置和产品说明书中，提醒拥有者在登记系统中进行实名登记，警示不实名登记擅自飞行的危害；随产品提供不干胶打印纸，供拥有者打印"无人机登记标志"。个人或单位民用无人机拥有者须在登记系统内登记姓名(公司名称)、有效身份证件号码(组织机构代码)、移动电话号码和电子邮箱、产品型号和序号、使用目的；完成信息填报后，系统将自动给出包含登记号和二维码的登记标志图片，民用无人机拥有者须将该图片打印为至少 2cm×2cm 的粘贴牌，并将其粘于无人机不易损伤的地方，保持清晰可辨。

任何单位或者个人设计民用航空器，应当持航空工业部门对该设计项目的审核批准文件，向民航局申请型号合格证。民航局接受型号合格证申请后，应当按照规定进行型号合格审定；审定合格的，颁发型号合格证。任何单位或者个人生产民用航空器，应当具有必要的生产能力，并应当持《适航条例》第 6 条规定的型号合格证，经航空工业部门同意后，向民航局申请生产许可证。民航局接受生产许可证申请后，应当按照规定进行生产许可审定；审定合格的，颁发生产许可证，并按照规定颁发适航证。任何单位或者个人未按照上述规定取得生产许可证的，均不得生产民用航空器(任何单位或者个人未取得生产许可证，但因特殊需要申请生产民用航空器的，必须经民航局批准)。按此规定生产的民用航空器，须经民航局逐一审查合格后，颁发适航证。民用航空器必须具有民航局颁发的适航证，方可飞行。民航局颁发的适航证应当规定该民用航空器所适用的活动类别、证书的有效期限及安全所需的其他条件和限制。持有民用航空器生产许可证的单位生产的民用航空器，经国务院有关主管部门批准需要出口时，由民航局签发出口适航证。

在中华人民共和国境内飞行的民用航空器必须具有国籍登记证。在中华人民共和国注册登记的民用航空器，具有中华人民共和国国籍，国籍登记证由民航局颁发。民用航空器取得国籍登记证后，必须按照规定在该民用航空器的外表标明国籍登记识别标志。

中华人民共和国的任何单位或者个人进口外国生产的任何型号的民用航空器，如果系首次进口并用于民用航空活动时，进口民用航空器的单位或者个人必须向民航局申请型号审查。民航局接受申请后，应当按照规定对该型号民用航空器进行型号审查，审查合格的，颁发准予进口的型号认可证书。中华人民共和国的任何单位或者个人租用的外国民用航空器，必须经民航局对其原登记国颁发的适航证审查认可或者另行颁发适航证后方可飞行。

(四)《民用无人驾驶航空器经营性飞行活动管理办法(暂行)》

为规范无人驾驶航空器从事经营性飞行活动，加强市场监管，促进无人驾驶航空器产业安全、有序、健康发展，2018 年 3 月 21 日民航局发布《民用无人驾驶航空器经营性飞行活动管理办法(暂行)》(以下简称《办法》)，在《民航法》框架下，规范了无人驾驶航空器从事经营性通用航空飞行活动的准入和监管要求。《办法》于 2018 年 6 月 1 日起实施。

《办法》共 3 章 20 条，以"坚持放管结合、转变职能；坚持突出重点、分类管理；坚持包容审慎、拓展服务"为基本原则，对无人驾驶航空器经营许可证的申请条件及程序、无人驾驶航空器经营性飞行活动的监督管理方式等做了明确规定，具有适用范围边界清晰、准入条件大幅降低、在线操作简单便捷、管理条款符合情理、时间指标宽松充裕等特点。

根据《办法》，最大空机质量为 250g 以上（含 250g）的无人驾驶航空器开展航空喷洒（撒）、航空摄影、空中拍照、表演飞行等作业类和无人驾驶航空器驾驶员培训类的经营活动适用于本办法，而无人驾驶航空器开展载客类和载货类经营性飞行活动暂不适用。

《办法》明确，民航局对无人驾驶航空器经营许可证实施统一监督管理，民航地区管理局负责实施辖区内的无人驾驶航空器经营许可证颁发及监管管理工作。

《办法》规定，取得无人驾驶航空器经营许可证应当具备四个基本条件：从事经营活动的主体应当为企业法人，法定代表人为中国籍公民；企业应至少拥有一架无人驾驶航空器，且以该企业名称在中国民用航空局"民用无人驾驶航空器实名登记信息系统"中完成实名登记；具有行业主管部门或经其授权机构认可的培训能力（此款仅适用从事培训类经营活动）；投保无人驾驶航空器地面第三人责任险。

《办法》提出，无人驾驶航空器经营许可证申请人应当通过"民用无人驾驶航空器经营许可证管理系统"在线申请无人驾驶航空器经营许可证，并填报企业法人基本信息、无人驾驶航空器实名登记号、无人驾驶航空器驾驶员培训机构认证编号（培训类）、投保地面第三人责任险承诺、企业拟开展的无人驾驶航空器经营项目等信息，并确保申请材料及信息真实、合法、有效。

《办法》还对不予受理无人驾驶航空器经营许可证申请的情况、依法撤销企业经营许可证的情况、依法注销经营许可证的情况等进行了明确。

（五）《无人驾驶航空器飞行管理暂行条例（征求意见稿）》

2018 年 1 月 26 日，工业和信息化部官方网站公布了国务院、中央军委空中交通管制委员会办公室起草的《无人驾驶航空器飞行管理暂行条例（征求意见稿）》（简称《飞行管理暂行条例》），这是我国出台的首部国家级无人机飞行管理专项法规。

《飞行管理暂行条例》共 7 章 59 条，分为总则、无人机系统、无人机驾驶员、飞行空域、飞行运行、法律责任和附则，总则中对无人驾驶航空器和无人机进行简单定义。无人驾驶航空器是指机上没有驾驶员进行操作的航空器，包括遥控驾驶航空器、自主航空器、模型航空器等。遥控驾驶航空器和自主航空器统称为无人机。无人驾驶航空器分为两级三类五型，如图 7.2 所示，无人机分类见表 7.1。

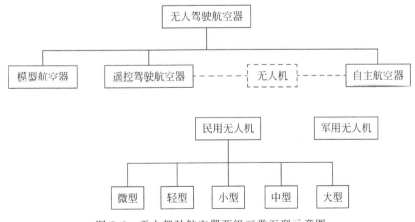

图 7.2 无人驾驶航空器两级三类五型示意图

表 7.1 无人机分类表

无人机类型	微 型	轻 型	小 型	中 型	大 型
空机重量	≤0.25kg	≤4kg	≤15kg	>15kg	规定
起飞重量	无规定	≤7kg	≤25kg	≥25kg,≤150kg	≥150kg
高度	50m 以下	120m 以下	飞行计划批准	飞行计划批准	飞行计划批准
公安机关备案	—	√	√	√	√
第三者责任险	—	商业活动	√	√	√
驾驶员	—	年满 14 周岁,未满 14 周岁需成人监护	年满 16 周岁	年满 18 周岁	年满 18 周岁
合格证/驾照	—	超出适飞空域,需合格证	安全操作执照	安全操作执照	安全操作执照
飞行计划	—	—	—	√	√
飞行动态监视	—	√	√	√	√
认证	产品认证	产品认证	产品认证	适航审定	适航审定

思 考 题

1. 《民用航空法》的调整对象是什么?
2. 什么是电子围栏?
3. 什么是无人机云系统?
4. 《民用航空法》的特点是什么?

附录

附录1 民用无人驾驶航空器系统空中交通管理办法

(MD-TM-2016-004)

第一章 总则

第一条 为了加强对民用无人驾驶航空器飞行活动的管理,规范其空中交通管理工作,依据《中华人民共和国民用航空法》《中华人民共和国飞行基本规则》《通用航空飞行管制条例》和《民用航空空中交通管理规则》,制定本办法。

第二条 本办法适用于依法在航路航线、进近(终端)和机场管制地带等民用航空使用空域范围内或者对以上空域内运行存在影响的民用无人驾驶航空器系统活动的空中交通管理工作。

第三条 民航局指导监督全国民用无人驾驶航空器系统空中交通管理工作,地区管理局负责本辖区内民用无人驾驶航空器系统空中交通服务的监督和管理工作。

空管单位向其管制空域内的民用无人驾驶航空器系统提供空中交通服务。

第四条 民用无人驾驶航空器仅允许在隔离空域内飞行。民用无人驾驶航空器在隔离空域内飞行,由组织单位和个人负责实施,并对其安全负责。多个主体同时在同一空域范围内开展民用无人驾驶航空器飞行活动的,应当明确一个活动组织者,并对隔离空域内民用无人驾驶航空器飞行活动安全负责。

第二章 评估管理

第五条 在本办法第二条规定的民用航空使用空域范围内开展民用无人驾驶航空器系统飞行活动,除满足以下全部条件的情况外,应通过地区管理局评审:

(一)机场净空保护区以外;

(二)民用无人驾驶航空器最大起飞重量小于或等于7kg;

(三)在视距内飞行,且天气条件不影响持续可见无人驾驶航空器;

(四)在昼间飞行;

（五）飞行速度不大于120km/h；

（六）民用无人驾驶航空器符合适航管理相关要求；

（七）驾驶员符合相关资质要求；

（八）在进行飞行前驾驶员完成对民用无人驾驶航空器系统的检查；

（九）不得对飞行活动以外的其他方面造成影响，包括地面人员、设施、环境安全和社会治安等；

（十）运营人应确保其飞行活动持续符合以上条件。

第六条 民用无人驾驶航空器系统飞行活动需要评审时，由运营人会同空管单位提出使用空域，对空域内的运行安全进行评估并形成评估报告。地区管理局对评估报告进行审查或评审，出具结论意见。

第七条 民用无人驾驶航空器在空域内运行应当符合国家和民航有关规定，经评估满足空域运行安全的要求。评估应当至少包括以下内容：

（一）民用无人驾驶航空器系统情况，包括民用无人驾驶航空器系统基本情况、国籍登记、适航证件（特殊适航证、标准适航证和特许飞行证等）、无线电台及使用频率情况；

（二）驾驶员、观测员的基本信息和执照情况；

（三）民用无人驾驶航空器系统运营人基本信息；

（四）民用无人驾驶航空器的飞行性能，包括：飞行速度、典型和最大爬升率、典型和最大下降率、典型和最大转弯率、其他有关性能数据（例如风、结冰、降水限制）、航空器最大续航能力、起飞和着陆要求；

（五）民用无人驾驶航空器系统活动计划，包括：飞行活动类型或目的、飞行规则（目视或仪表飞行）、操控方式（视距内或超视距、无线电视距内或超无线电视距等）、预定的飞行日期、起飞地点、降落地点、巡航速度、巡航高度、飞行路线和空域、飞行时间和次数；

（六）空管保障措施，包括：使用空域范围和时间、管制程序、间隔要求、协调通报程序、应急预案等；

（七）民用无人驾驶航空器系统的通信、导航和监视设备和能力，包括：民用无人驾驶航空器系统驾驶员与空管单位通信的设备和性能、民用无人驾驶航空器系统的指挥与控制链路及其性能参数和覆盖范围、驾驶员和观测员之间的通信设备和性能、民用无人驾驶航空器系统导航和监视设备及性能；

（八）民用无人驾驶航空器系统的感知与避让能力；

（九）民用无人驾驶航空器系统故障时的紧急程序，特别是：与空管单位的通信故障、指挥与控制链路故障、驾驶员与观测员之间的通信故障等情况；

（十）遥控站的数量和位置以及遥控站之间的移交程序；

（十一）其他有关任务、噪声、安保、业载、保险等方面的情况；

（十二）其他风险管控措施。

第八条 按照本规定第六条需要进行评估的飞行活动，其使用的民用无人驾驶航空器系统应当为遥控驾驶航空器系统，而非自主无人驾驶航空器系统，并且能够按要求设置电子围栏。

第九条 地区管理局应当组织相关部门对评估报告进行审查，对于复杂问题可以组织专家进行评审和现场演示，并将审查或评审结论反馈给运营人和有关空管单位。

第三章 空中交通服务

第十条 民用无人驾驶航空器飞行应当为其单独划设隔离空域,明确水平范围、垂直范围和使用时段。可在民航使用空域内临时为民用无人驾驶航空器划设隔离空域。飞行密集区、人口稠密区、重点地区、繁忙机场周边空域,原则上不划设民用无人驾驶航空器飞行空域。

第十一条 隔离空域由空管单位会同运营人划设。划设隔离空域应综合考虑民用无人驾驶航空器通信导航监视能力、航空器性能、应急程序等因素,并符合下列要求:

(一)隔离空域边界原则上距其他航空器使用空域边界的水平距离不小于 10km;

(二)隔离空域上下限距其他航空器使用空域垂直距离 8400m(含)以下不得小于 600m,8400m 以上不得小于 1200m。

第十二条 民用无人驾驶航空器在隔离空域内运行时,应当符合下列要求:

(一)民用无人驾驶航空器应当遵守规定的程序和安全要求;

(二)民用无人驾驶航空器确保在所分配的隔离空域内飞行,并与水平边界保持 5km 以上距离;

(三)防止民用无人驾驶航空器无意间从隔离空域脱离。

第十三条 为了防止民用无人驾驶航空器和其它航空器活动相互穿越隔离空域边界,提高民用无人驾驶航空器运行的安全性,需要采取下列安全措施:

(一)驾驶员应当持续监视民用无人驾驶航空器飞行;

(二)当驾驶员发现民用无人驾驶航空器脱离隔离空域时,应向相关空管单位通报;

(三)空管单位发现民用无人驾驶航空器脱离隔离空域时,应当防止与其他航空器发生冲突,通知运营人采取相关措施,并向相关管制单位通报。

(四)空管单位应当同时向民用无人驾驶航空器和隔离空域附近运行的其他航空器提供服务;

(五)在空管单位和民用无人驾驶航空器系统驾驶员之间应建立可靠的通信;

(六)空管单位应为民用无人驾驶航空器指挥与控制链路失效、民用无人驾驶航空器避让侵入的航空器等紧急事项设置相应的应急工作程序。

第十四条 针对民用无人驾驶航空器违规飞行影响日常运行的情况,空管单位应与机场、军航管制单位等建立通报协调关系,制定信息通报、评估处置和运行恢复的方案,保证安全,降低影响。

第四章 无线电管理

第十五条 民用无人驾驶航空器系统活动中使用无线电频率、无线电设备应当遵守国家无线电管理法规和规定,且不得对航空无线电频率造成有害干扰。

第十六条 未经批准,不得在民用无人驾驶航空器上发射语音广播通信信号。

第十七条 使用民用无人驾驶航空器系统应当遵守国家有关部门发布的无线电管制命令。

第五章 附则

第十八条 民用无人驾驶航空器系统飞行活动涉及多项评估或审批的,地区管理局应当统筹安排。

第十九条　本管理办法自下发之日起开始施行，原《民用无人机空中交通管理办法》（MD-TM-2009-002）同时废止。

第二十条　本管理办法使用的术语定义

民用无人驾驶航空器：没有机载驾驶员操作的民用航空器。

民用无人驾驶航空器系统：指民用无人驾驶航空器及与其安全运行有关的组件，主要包括遥控站、数据链路等。

遥控驾驶航空器系统：由遥控驾驶航空器、相关的遥控站、所需的指挥与控制链路以及批准的型号设计规定的任何其他部件构成的系统。

遥控驾驶航空器：由遥控站操纵的无人驾驶航空器。遥控驾驶航空器是无人驾驶航空器的亚类。

遥控站：遥控驾驶航空器系统的组成部分，包括用于操纵遥控驾驶航空器的设备。

指挥与控制链路：遥控驾驶航空器和遥控站之间为飞行管理目的建立的数据链接。

自主无人驾驶航空器系统：不允许驾驶员介入飞行管理的无人驾驶航空器。

电子围栏：是指为防止民用无人驾驶航空器飞入或者飞出特定区域，在相应电子地理范围中画出其区域边界，并配合飞行控制系统，保障区域安全的软硬件系统。

感知与避让：观察、发现、探测交通冲突或其他危险，并采取适当行动的能力。

运营人：是指从事或拟从事航空器运营的个人、组织或者企业。

驾驶员：由运营人指派对遥控驾驶航空器的运行负必不可少职责并在飞行期间适时操纵无人驾驶航空器的人。

观测员：由运营人指定的训练有素的人员，通过目视观测遥控驾驶航空器协助驾驶员安全实施飞行。

隔离空域：专门分配给无人驾驶航空器系统运行的空域，通过限制其他航空器的进入以规避碰撞风险。

非隔离空域：无人驾驶航空器系统与其他有人驾驶航空器同时运行的空域。

目视视距内：驾驶员或观测员与无人驾驶航空器保持直接目视视觉接触的运行方式。直接目视视觉接触的范围为：真高120m以下；距离不超过驾驶员或观测员视线范围或最大500m半径的范围，两者中取较小值。

超目视视距：无人驾驶航空器在目视视距以外的运行方式。

无线电视距内：是指发射机和接收机在彼此的无线电覆盖范围之内能够直接进行通信，或者通过地面网络使远程发射机和接收机在无线电视距内，并且能在相应时间范围内完成通信传输的情况。

超无线电视距：是指发射机和接收机不在无线电视距之内的情况。因此所有卫星系统都是超无线电视距的，遥控站通过地面网络不能在相应时间范围与至少一个地面站完成通信传输的系统也都是超无线电视距的。

机场净空区：也称机场净空保护区域，是指为保护航空器起飞、飞行和降落安全，根据民用机场净空障碍物限制图要求划定的空间范围。

人口稠密区：是指城镇、村庄、繁忙道路或大型露天集会场所等区域。

重点地区：是指军事重地、核电站和行政中心等关乎国家安全的区域及周边，或地方政府临时划设的区域。

附录2　民用无人机驾驶员管理规定

1. 目的

近年来随着技术进步,民用无人驾驶航空器(以下简称无人机)的生产和应用在国内外得到了蓬勃发展,其驾驶员(业界也称操控员、操作手、飞手等,在本咨询通告中统称为驾驶员)数量持续快速增加。面对这样的情况,局方有必要在不妨碍民用无人机多元发展的前提下,加强对民用无人机驾驶员的规范管理,促进民用无人机产业的健康发展。

由于民用无人机在全球范围内发展迅速,国际民航组织已经开始为无人机系统制定标准和建议措施(SARPs)、空中航行服务程序(PANS)和指导材料。这些标准和建议措施已日趋成熟,因此多个国家发布了管理规定。

无论驾驶员是否位于航空器的内部或外部,无人机系统和驾驶员必须符合民航法规在相应章节中的要求。由于无人机系统中没有机载驾驶员,原有法规有关驾驶员部分章节已不能适用,本文件对相关内容进行说明。

本咨询通告针对目前出现的无人机系统的驾驶员实施指导性管理,并将根据行业发展情况随时修订,最终目的是按照国际民航组织的标准建立我国完善的民用无人机驾驶员监管体系。

2. 适用范围

本咨询通告用于民用无人机系统驾驶人员的资质管理。其涵盖范围如下。

(1) 无机载驾驶人员的无人机系统。

(2) 有机载驾驶人员的航空器,但该航空器可同时由外部的无人机驾驶员实施完全飞行控制。

分布式操作的无人机系统或者集群,其操作者个人无须取得无人机驾驶员执照,具体管理办法另行规定。

3. 定义

本咨询通告使用的术语定义如下。

(1) 无人机(UA: Unmanned Aircraft),是由控制站管理(包括远程操纵或自主飞行)的航空器。

(2) 无人机系统(UAS: Unmanned Aircraft System),是指无人机以及与其相关的遥控站(台)、任务载荷和控制链路等组成的系统。链路等组成的系统。

(3) 无人机系统驾驶员,是对无人机的运行负有必不可少职责并在飞行期间适时操纵无人机的人。

(4) 等级,是指填在执照上或与执照有关并成为执照一部分的授权,说明关于此种执照的特殊条件、权利或限制。

(5) 类别等级,指根据无人机产生气动力及不同运动状态依靠的不同部件或方式,将无人机进行划分并成为执照一部分的授权,说明关于此种执照的特殊条件、权利或限制。

(6) 固定翼,指动力驱动的重于空气的一种无人机,其飞行升力主要由给定飞行条件下保持不变的翼面产生。在本规定中作为类别等级中的一种。

（7）直升机，是指一种重于空气的无人机，其飞行升力主要由在垂直轴上一个或多个动力驱动的旋翼产生，其运动状态改变的操纵一般通过改变旋翼桨叶角来实现。在本规定中作为类别等级中的一种。

（8）多旋翼，是指一种重于空气的无人机，其飞行升力主要由三个及以上动力驱动的旋翼产生，其运动状态改变的操纵一般通过改变旋翼转速来实现。在本规定中作为类别等级中的一种。

（9）垂直起降固定翼，是指一种重于空气的无人机，垂直起降时由与直升机、多旋翼类似起降方式或直接推力等方式实现，水平飞行由固定翼飞行方式实现，且垂直起降与水平飞行方式可在空中自由转换。在本规定中作为类别等级中的一种。

（10）自转旋翼机，是指一种旋翼机，其旋翼仅在起动或跃升时有动力驱动，在空中平飞时靠空气的作用力推动自由旋转。这种旋翼机的推进方式通常是使用独立于旋翼系统的推进式动力装置。在本规定中作为类别等级中的一种。

（11）飞艇，是指一种由动力驱动能够操纵的轻于空气的航空器。在本规定中作为类别等级中的一种。

（12）视距内（VLOS：Visual Line of Sight）运行，是指无人机在驾驶员或观测员与无人机保持直接目视视觉接触的范围内运行，且该范围为目视视距内半径不大于500米，人、机相对高度不大于120米。在本规定中作为驾驶员等级中的一种。

（13）超视距（BVLOS：Beyond VLOS）运行，是指无人机在目视视距以外的运行。在本规定中作为驾驶员等级中的一种。

（14）扩展视距（EVLOS：Extended VLOS）运行，是指无人机在目视视距以外运行，但驾驶员或者观测员借助视觉延展装置操作无人机，属于超视距运行的一种。

（15）授权教员，是指持有按本规定颁发的具有教员等级的无人机驾驶员执照，并依据其教员等级上规定的权利和限制执行教学的人员。

（16）无人机系统的机长，是指由运营人指派在系统运行时间内负责整个无人机系统运行和安全的驾驶员。

（17）无人机观测员，是指由运营人指定的训练有素的人员，通过目视观测无人机，协助无人机驾驶员安全实施飞行，通常由运营人管理，无证照要求。

（18）运营人，是指从事或拟从事航空器运营的个人、组织或企业。

（19）控制站（也称遥控站、地面站），无人机系统的组成部分，包括用于操纵无人机的设备。

（20）指令与控制数据链路（C2：command and control data link），是指无人机和控制站之间为飞行管理之目的的数据链接。

（21）感知与避让，是指看见、察觉或发现交通冲突或其他危险并采取适当行动的能力。

（22）无人机感知与避让系统，是指无人机机载安装的一种设备，用以确保无人机与其他航空器保持一定的安全飞行间隔，相当于载人航空器的防撞系统。在融合空域中运行的

Ⅺ、Ⅻ类无人机应安装此种系统。

（23）融合空域,是指有其他有人驾驶航空器同时运行的空域。

（24）隔离空域,是指专门分配给无人机系统运行的空域,通过限制其他航空器的进入以规避碰撞风险。

（25）人口稠密区,是指城镇、乡村、繁忙道路或大型露天集会场所等区域。

（26）空机重量,是指不包含载荷和燃料的无人机重量,该重量包含燃料容器和电池等固体装置。

（27）飞行经历时间,是指为符合民用无人机驾驶员的训练和飞行时间要求,操纵无人机或在模拟机上所获得的飞行时间,这些时间应当是作为操纵无人机系统必需成员的时间,或从授权教员处接受训练或作为授权教员提供教学的时间。

（28）飞行经历记录本,是指记录飞行经历时间和相关信息的证明材料,包括纸质飞行经历记录本和由无人机云交换系统支持的电子飞行经历记录本。

（29）训练记录,是指为获取执照或等级而接受相关训练的证明材料,包括纸质训练记录和由无人机云交换系统支持的电子化训练记录。

（30）理论考试,是指航空知识理论方面的考试,该考试是颁发民用无人机驾驶员执照或等级所要求的,可以通过笔试或者计算机考试来实施。

（31）实践考试,是指为取得民用无人机驾驶员执照或者等级进行的操作方面的考试（包括实践飞行、综合问答、地面站操作）,该考试通过申请人在飞行中演示操作动作及回答问题的方式进行。

（32）申请人,是指申请无人机驾驶员执照或等级的自然人。

（33）无人机云系统（简称无人机云）,是指轻小民用无人机运行动态数据库系统,用于向无人机用户提供航行服务、气象服务等,对民用无人机运行数据（包括运营信息、位置、高度和速度等）进行实时监测。

（34）无人机云交换系统（无人机云数据交换平台）:是指由民航局运行,能为多个无人机云系统提供实时数据交换和共享的实时动态数据库系统。

（35）分布式操作,是指把无人机系统操作分解为多个子业务,部署在多个站点或者终端进行协同操作的模式,不要求个人具备对无人机系统的完全操作能力。

4. 执照和等级要求

无人机系统分类较多,所适用空域远比有人驾驶航空器广阔,因此有必要对无人机系统驾驶员实施分类管理。

（1）下列情况下,无人机系统驾驶员自行负责,无须执照管理。

A. 在室内运行的无人机。

B. Ⅰ、Ⅱ类无人机（分类等级见第6条C款。如运行需要,驾驶员可在无人机云交换系统进行备案。备案内容应包括驾驶员真实身份信息、所使用的无人机型号,并通过在线法规测试）。

C. 在人烟稀少、空旷的非人口稠密区进行试验的无人机。

（2）在隔离空域和融合空域运行的除Ⅰ、Ⅱ类以外的无人机,其驾驶员执照由局方实施管理。

  A. 操纵视距内运行无人机的驾驶员，应当持有按本规定颁发的具备相应类别、分类等级的视距内等级驾驶员执照，并且在行使相应权利时随身携带该执照。

  B. 操纵超视距运行无人机的驾驶员，应当持有按本规定颁发的具备相应类别、分类等级的有效超视距等级的驾驶员执照，并且在行使相应权利时随身携带该执照。

  C. 教员等级

  1) 按本规则颁发的相应类别、分类等级的具备教员等级的驾驶员执照持有人，行使教员权利应当随身携带该执照。

  2) 未具备教员等级的驾驶员执照持有人不得从事下列活动。

  i) 向准备获取单飞资格的人员提供训练。

  ii) 签字推荐申请人获取驾驶员执照或增加等级所必需的实践考试。

  iii) 签字推荐申请人参加理论考试或实践考试未通过后的补考。

  iv) 签署申请人的飞行经历记录本。

  v) 在飞行经历记录本上签字，授予申请人单飞权利。

  D. 植保类无人机分类等级

  担任操纵植保无人机系统并负责无人机系统运行和安全的驾驶员，应当持有按本规定颁发的具备Ⅴ分类等级的驾驶员执照，或经农业农村部等部门规定的由符合资质要求的植保无人机生产企业自主负责的植保无人机操作人员培训考核。

  (3) 自 2018 年 9 月 1 日起，民航局授权行业协会颁发的现行有效的无人机驾驶员合格证自动转换为民航局颁发的无人机驾驶员电子执照，原合格证所载明的权利一并转移至该电子执照。原Ⅶ分类等级（超视距运行的Ⅰ、Ⅱ类无人机）合格证载明的权利转移至Ⅲ分类等级电子执照。

5. 无人机系统驾驶员管理

5.1 执照和等级分类

对于完成训练并考试合格，符合本规定颁发民用无人机驾驶员执照和等级条件的人员，在其驾驶员执照上签注如下信息。

  A. 驾驶员等级：

1) 视距内等级

2) 超视距等级

3) 教员等级

  B. 类别等级：

1) 固定翼

2) 直升机

3) 多旋翼

4) 垂直起降固定翼

5) 自转旋翼机

6) 飞艇

7) 其他

C. 分类等级：

分类等级	空机重量/kg	起飞全重/kg
Ⅰ	0<W≤0.25	
Ⅱ	0.25<W≤4	1.5<W≤7
Ⅲ	4<W≤15	7<W≤25
Ⅳ	15<W≤116	25<W≤150
Ⅴ	植保类无人机	
Ⅺ	116<W≤5700	150<W≤5700
Ⅻ	W>5700	

D. 型别和职位（仅适用于Ⅺ、Ⅻ分类等级）：

1) 无人机型别。

2) 职位，包括机长、副驾驶。

注1：实际运行中，Ⅲ、Ⅳ、Ⅺ类分类有交叉时，按照较高要求的一类分类。

注2：对于串、并列运行或者编队运行的无人机，按照总重量分类。

注3：地方政府（例如当地公安部门）对于Ⅰ、Ⅱ类无人机重量界限低于本表规定的，以地方政府的具体要求为准。

5.2 颁发无人机驾驶员执照与等级的条件

局方应为符合相应资格、航空知识、飞行技能和飞行经历要求的申请人颁发无人机驾驶员执照与等级。具体要求为《颁发无人机驾驶员执照与等级的条件》（附件1）。

5.3 执照有效期及其更新

A. 按本规定颁发的驾驶员执照有效期限为两年，且仅当执照持有人满足本规定和有关中国民用航空运行规章的相应训练与检查要求、并符合飞行安全记录要求时，方可行使其执照所赋予的相应权利。

B. 执照持有人应在执照有效期期满前三个月内向局方申请重新颁发执照。对于申请人：

1) 应出示在执照有效期满前24个日历月内，无人机云交换系统电子经历记录本上记录的100小时飞行经历时间证明。

2) 如不满足上述飞行经历时间要求，应通过执照中任一最高驾驶员等级对应的实践考试。

C. 执照在有效期内因等级或备注发生变化重新颁发时，则执照有效期与最高的驾驶员等级有效期保持一致。

D. 执照过期的申请人须重新通过不同等级相应的理论及实践考试，方可申请重新颁发执照及相关等级。

5.4 教员等级更新

A. 教员等级在其颁发月份之后第24个日历月结束时期满。

B. 飞行教员可以在其教员等级期满前申请更新，但应当符合下列条件之一：

1) 通过了以下相应教员等级的实践考试：

ⅰ) 对应Ⅲ、Ⅳ分类等级的教员等级的执照持有人，如果通过了任何一个Ⅲ、Ⅳ分类等级的教员等级的实践考试，则其所持有的有效的Ⅲ、Ⅳ分类等级的教员等级均视为更新。

ⅱ) 对应Ⅺ、Ⅻ分类等级的教员等级的执照持有人，如果通过了Ⅺ、Ⅻ分类等级的教员等级中任何一项的实践考试，则其教员的所有等级均视为更新，其相应Ⅺ、Ⅻ分类等级熟练检查不在有效期内的除外。

2) 飞行教员在其教员等级期满前90天内通过相应教员等级的更新检查：

ⅰ) 对应Ⅲ、Ⅳ分类等级的教员等级的执照持有人，如果通过了Ⅺ、Ⅻ分类等级的教员等级的更新检查，则其持有的有效的Ⅲ、Ⅳ分类等级的教员等级均视为更新。

ⅱ) 对应Ⅺ、Ⅻ分类等级的教员等级的执照持有人，如果通过了Ⅺ、Ⅻ分类等级的教员等级中任何一项的实践考试实践飞行科目，则其教员的所有等级均视为更新，其相应Ⅺ、Ⅻ分类等级熟练检查不在有效期内的除外。

3) 按本条B.1)进行更新的，教员等级有效期自实践考试之日起计算。

5.5 教员等级过期后的重新办理

A. 飞行教员在其教员等级过期后，应当重新通过实践考试后，局方可恢复其教员等级。

B. 当飞行教员的驾驶员执照上与教员等级相对应的等级失效时，其教员等级权利自动丧失，除非该驾驶员按本规定恢复其驾驶员执照上所有相应的等级，其中教员等级的恢复需按本规定关于颁发飞行教员等级的要求通过理论考试和实践考试。

5.6 熟练检查

对于Ⅺ、Ⅻ分类等级驾驶员应对该分类等级下的每个签注的无人机类别、型别（如适用）等级接受熟练检查，该检查每12个月进行一次。检查由局方指定的人员实施。

5.7 增加等级

A. 在驾驶员执照上增加等级，申请人应当符合本条B款至G款的相应条件。

B. 超视距等级可以行使相同类别及分类等级的视距内等级执照持有人的所有权利。在驾驶员执照上增加超视距等级，而类别和分类等级不变的，申请人应当符合下列规定。

1) 完成了相应执照类别和分类等级要求的超视距等级训练，符合本规定附件1关于超视距等级的飞行经历要求。

2) 由授权教员在申请人的飞行经历记录本或者训练记录上签字，证明其在相应的超视距等级的航空知识方面是合格的。

3) 由授权教员在申请人的飞行经历记录本或者训练记录上签字，证明其在相应的超视距等级的飞行技能方面是合格的。

4) 通过了相应的超视距等级要求的理论考试。

5) 通过了相应的超视距等级要求的实践考试。

C. 在驾驶员执照上增加超视距等级的同时增加类别或分类等级的，申请人应当符合下列规定。

1) 满足本条B款的相关飞行经历和训练要求。

2) 满足本条 E 款或 F 款相应类别或分类等级的飞行经历和训练要求。

3) 通过了相应的超视距等级要求的理论考试。

4) 通过了相应的超视距等级要求的实践考试。

D. 教员等级可以行使相同类别及分类等级的超视距等级持有人的所有权利。在驾驶员执照上增加教员等级，或在增加教员等级的同时增加类别或分类等级的申请人应当符合下列规定：

1) 完成了相应执照类别和分类等级要求的教员等级训练，符合本规定附件 1 关于教员等级的飞行经历要求。

2) 由授权教员在申请人的飞行经历记录本或者训练记录上签字，证明其在相应的教员等级的航空知识方面是合格的。

3) 由授权教员在申请人的飞行经历记录本或者训练记录上签字，证明其在相应的教员等级的飞行技能和教学技能方面是合格的。

4) 通过了相应的教员等级要求的理论考试。

5) 通过了相应的教员等级要求的实践考试。

E. 在驾驶员执照上增加类别等级，或在增加类别等级的同时增加分类等级，申请人应当符合下列规定。

1) 完成了相应驾驶员等级及其类别和分类等级要求的训练，符合本规则规定的相应驾驶员等级及其类别和分类等级的航空经历要求。

2) 由授权教员在申请人的飞行经历记录本和训练记录上签字，证明其在相应驾驶员等级及其类别和分类等级的航空知识方面是合格的。

3) 由授权教员在申请人的飞行经历记录本和训练记录上签字，证明其在相应驾驶员等级及其类别和分类等级的飞行技能方面是合格的。

4) 通过了相应驾驶员等级及其类别等级要求的理论考试。

5) 通过了相应驾驶员等级及其类别和分类等级要求的实践考试。

F. 分类等级排列顺序由低到高依次为：Ⅲ、Ⅳ、Ⅺ、Ⅻ，高分类等级执照可行使低分类等级执照权利(不适用于 Ⅴ 分类等级)。在具备低分类等级的执照上增加高分类等级(不适用于 Ⅴ 分类等级)，申请人应当符合下列规定。

1) 完成了相应驾驶员等级及其类别和分类等级要求的训练，符合本规定关于相应驾驶员等级及其类别和分类等级的航空经历要求，相同类别低分类等级无人机驾驶员增加分类等级须具有操纵所申请分类等级无人机的飞行训练时间至少 10 小时，其中包含不少于 5 小时授权教员提供的带飞训练。

2) 由授权教员在申请人的飞行经历记录本和训练记录上签字，证明其在相应驾驶员等级及其类别和分类等级的航空知识方面是合格的。

3) 由授权教员在申请人的飞行经历记录本和训练记录上签字，证明其在相应驾驶员等级及其类别和分类等级的飞行技能方面是合格的。

4) 通过了相应驾驶员等级及其类别和分类等级要求的实践考试。

G. 在驾驶员执照上增加 Ⅴ 分类等级，申请人应当符合下列规定。

1）依据《轻小无人机运行规定（试行）》(AC-91-31)，完成了由授权教员提供的驾驶员满足植保无人机要求的训练。

2）由授权教员在申请人的飞行经历记录本或者训练记录上签字，证明其在植保无人机运行相关航空知识方面是合格的。

3）由授权教员在申请人的飞行经历记录本或者训练记录上签字，证明其在植保无人机运行相关飞行技能方面是合格的。

4）由授权教员在申请人的飞行经历记录本和训练记录上签字，证明其已取得操纵相应类别Ⅴ分类等级无人机至少10小时的实践飞行训练时间。

5）通过了相应类别等级植保无人机运行相关的理论考试。

5.8 执照和等级的申请与审批

A. 符合本规定相关条件的申请人，应当向局方提交申请执照或等级的申请，申请人对其申请材料实质内容的真实性负责，并按规定交纳相应的费用。

在递交申请时，申请人应当提交下述材料。

1）身份证明

2）学历证明（如要求）

3）相关无犯罪记录文件

4）理论考试合格的有效成绩单

5）原执照（如要求）

6）授权教员的资质证明

7）训练飞行活动的合法证明

8）飞行经历记录本

9）实践考试合格证明

B. 对于申请材料不齐全或者不符合格式要求的，局方在收到申请之后的5个工作日内一次性书面通知申请人需要补正的全部内容。逾期不通知即视为在收到申请书之日起即为受理。申请人按照局方的通知提交全部补正材料的，局方应当受理申请。局方不予受理申请的，应当书面通知申请人。局方受理申请后，应当在20个工作日内对申请人的申请材料完成审查。在局方对申请材料的实质内容按照本规定进行核实时，申请人应当及时回答局方提出的问题。由于申请人不能及时回答问题所延误的时间不记入前述20个工作日的期限。对于申请材料及流程符合局方要求的，局方应于20个工作日内受理，并在受理后20个工作日内完成最终审查做出批准或不批准的最终决定。

C. 经局方批准，申请人可以取得相应的执照或等级。批准的无人机类别、分类等级或者其他备注由局方签注在申请人的执照上。

D. 由于飞行训练或者实践考试中所用无人机的特性，申请人不能完成规定的驾驶员操作动作，因此未能完全符合本规定相关飞行技能要求，但符合所申请执照或者等级的所有其他要求的，局方可以向其颁发签注有相应限制的执照或者等级。

5.9 飞行经历记录

申请人应于申请考试前提供满足执照或等级所要求的飞行经历证明。截止到2018年

12月31日,局方接受由申请人与授权教员自行填写的飞行经历信息。自2019年1月1日起,申请人训练经历数据应接入无人机云交换系统,以满足申请执照或等级对飞行经历中带飞时间及单飞时间的要求。飞行经历记录填写规范参考《民用无人机驾驶员飞行经历记录填写规范》(附件2)。

5.10 考试一般程序

按本规定进行的各项考试,应当由局方指定人员主持,并在指定的时间和地点进行。

A. 理论考试的通过成绩由局方确定,理论考试的实施程序参考《民用无人机驾驶员理论考试一般规定》(附件3)。

B. 局方指定的考试员按《民用无人机驾驶员实践考试一般规定》(附件4)的程序,依据《民用无人机驾驶员实践考试标准》(附件5)实施实践考试。

C. 局方依据《民用无人机驾驶员实践考试委任代表管理办法》(附件6)委任与管理实施实践考试的考试员。

D. 局方依据《民用无人机驾驶员考试点管理办法》(附件7)对理论及实践考试的考试点实施评估和清单制管理。

5.11 受到刑事处罚后执照的处理

本规定执照持有人受到刑事处罚期间,不得行使所持执照赋予的权利。

6. 修订说明

2015年12月29日,飞行标准司出台了《轻小无人机运行规定(试行)(AC-91-FS-2015-31)》,结合运行规定,为了进一步规范无人机驾驶员管理,对原《民用无人驾驶航空器系统驾驶员管理暂行规定(AC-61-FS-2013-20)》进行了第一次修订。修订的主要内容包括重新调整无人机分类和定义,新增管理机构管理备案制度,取消部分运行要求。

为进一步规范无人机驾驶员执照管理,在总结前期授权符合资质的行业协会对部分无人机驾驶员证照实施管理的创新监管模式经验的基础上,对原《民用无人机驾驶员管理规定(AC-61 FS-2016-20R1)》进行了第二次修订。修订的主要内容包括调整监管模式,完善由局方全面直接负责执照颁发的相关配套制度和标准,细化执照和等级颁发要求和程序,明确由行业协会颁发的原合格证转换为局方颁发的执照的原则和方法。

7. 咨询通告施行

本咨询通告自发布之日起生效,2016年7月11日发布的《民用无人机驾驶员管理规定》(AC-61-FS-2016-20R1)同时废止。

附件:
1. 《颁发无人机驾驶员执照与等级的条件》
2. 《民用无人机驾驶员飞行经历记录本填写规范》
3. 《民用无人机驾驶员理论考试一般规定》
4. 《民用无人机驾驶员实践考试一般规定》
5. 《民用无人机驾驶员实践考试标准》
6. 《民用无人机驾驶员实践考试委任代表管理办法》
7. 《民用无人机驾驶员考试点管理办法》

附录3 轻小型无人机运行规定(试行)

1. 目的

近年来,民用无人机的生产和应用在国内外蓬勃发展,特别是低空、慢速、微轻小型无人机数量快速增加,占到民用无人机的绝大多数。为了规范此类民用无人机的运行,依据CCAR-91部,发布本咨询通告。

2. 适用范围及分类

本咨询通告适用范围包括:

2.1 可在视距内或视距外操作的、空机重量小于等于116kg、起飞全重不大于150kg的无人机,校正空速不超过100km/h;

2.2 起飞全重不超过5700kg,距受药面高度不超过15m的植保类无人机;

2.3 充气体积在4600m³以下的无人飞艇;

2.4 适用无人机运行管理分类:

分类	空机重量/kg	起飞全重/kg
I		$0 < W \leq 1.5$
II	$1.5 < W \leq 4$	$1.5 < W \leq 7$
III	$4 < W \leq 15$	$7 < W \leq 25$
IV	$15 < W \leq 116$	$25 < W \leq 150$
V		植保类无人机
VI		无人飞艇
VII	可100m之外超视距运行的 I、II 类无人机	

注1:实际运行中,I、II、III、IV类分类有交叉时,按照较高要求的一类分类。

注2:对于串、并列运行或者编队运行的无人机,按照总重量分类。

注3:地方政府(例如当地公安部门)对于 I、II 类无人机重量界限低于本表规定的,以地方政府的具体要求为准。

2.5 I 类无人机使用者应安全使用无人机,避免对他人造成伤害,不必按照本咨询通告后续规定管理。

2.6 本咨询通告不适用于无线电操作的航空模型,但当航空模型使用了自动驾驶仪、指令与控制数据链路或自主飞行设备时,应按照本咨询通告管理。

2.7 本咨询通告不适用于室内、拦网内等隔离空间运行无人机,但当该场所有聚集人群时,操作者应采取措施确保人员安全。

3. 定义

3.1 无人机(Unmanned Aircraft,UA),是由控制站管理(包括远程操纵或自主飞行)的航空器,也称远程驾驶航空器(Remotely Piloted Aircraft,RPA)。

3.2 无人机系统(Unmanned Aircraft System,UAS),也称远程驾驶航空器系统(Remotely Piloted Aircraft Systems,RPAS),是指由无人机、相关控制站、所需的指令与控制数据链路以及批准的型号设计规定的任何其他部件组成的系统。

3.3 无人机系统驾驶员,是指由运营人指派对无人机的运行负有必不可少责任并在飞行期间适时操纵无人机的人。

3.4 无人机系统的机长,是指在系统运行时间内负责整个无人机系统运行和安全的驾驶员。

3.5 无人机观测员,是指由运营人指定的训练有素的人员,通过目视观测无人机,协助无人机驾驶员安全实施飞行。

3.6 运营人,是指从事或拟从事航空器运营的个人、组织或者企业。

3.7 控制站(也称遥控站、地面站),无人机系统的组成部分,包括用于操纵无人机的设备。

3.8 指令与控制数据链路(Command and Control data link,C2),是指无人机和控制站之间为飞行管理之目的的数据链接。

3.9 视距内运行(Visual Line of Sight Operations,VLOS),无人机驾驶员或无人机观测员与无人机保持直接目视视觉接触的操作方式,航空器处于驾驶员或观测员目视视距内半径500m,相对高度低于120m的区域内。

3.10 超视距运行(Beyond VLOS,BVLOS),无人机在目视视距以外的运行。

3.11 融合空域,是指有其它航空器同时运行的空域。

3.12 隔离空域,是指专门分配给无人机系统运行的空域,通过限制其它航空器的进入以规避碰撞风险。

3.13 人口稠密区,是指城镇、村庄、繁忙道路或大型露天集会场所等区域。

3.14 重点地区,是指军事重地、核电站和行政中心等关乎国家安全的区域及周边,或地方政府临时划设的区域。

3.15 机场净空区,也称机场净空保护区域,是指为保护航空器起飞、飞行和降落安全,根据民用机场净空障碍物限制图要求划定的空间范围。

3.16 空机重量,是指不包含载荷和燃料的无人机重量,该重量包含燃料容器和电池等固体装置。

3.17 无人机云系统(简称无人机云),是指轻小型民用无人机运行动态数据库系统,用于向无人机用户提供航行服务、气象服务等,对民用无人机运行数据(包括运营信息、位置、高度和速度等)进行实时监测。接入系统的无人机应即时上传飞行数据,无人机云系统对侵入电子围栏的无人机具有报警功能。

3.18 电子围栏,是指为阻挡即将侵入特定区域的航空器,在相应电子地理范围中画出特定区域,并配合飞行控制系统、保障区域安全的软硬件系统。

3.19 主动反馈系统,是指运营人主动将航空器的运行信息发送给监视系统。

3.20 被动反馈系统,是指航空器被雷达、ADS-B系统、北斗等手段从地面进行监视的系统,该反馈信息不经过运营人。

4. 民用无人机机长的职责和权限

4.1 民用无人机机长对民用无人机的运行直接负责,并具有最终决定权。

4.1.1 在飞行中遇有紧急情况时:

a. 机长必须采取适合当时情况的应急措施。

b. 在飞行中遇到需要立即处置的紧急情况时,机长可以在保证地面人员安全所需的范围内偏离本咨询通告的任何规定。

4.1.2 如果在危及地面人员安全的紧急情况下必须采取违反当地规章或程序的措施，机长必须毫不迟疑地通知有关地方当局。

4.2 机长必须负责以可用的、最迅速的方法将导致人员严重受伤或死亡、地面财产重大损失的任何航空器事故通知最近的民航及相关部门。

5. 民用无人机驾驶员资格要求

民用无人机驾驶员应当根据其所驾驶的民用无人机的等级分类，符合咨询通告《民用无人驾驶航空器系统驾驶员管理暂行规定》(AC-61-FS-2013-20)中关于执照、合格证、等级、训练、考试、检查和航空经历等方面的要求，并依据本咨询通告运行。

6. 民用无人机使用说明书

6.1 民用无人机使用说明书应当使用机长、驾驶员及观测员能够正确理解的语言文字。

6.2 V类民用无人机的使用说明书应包含相应的农林植保要求和规范。

7. 禁止粗心或鲁莽的操作

任何人员在操作民用无人机时不得粗心大意和盲目蛮干，以免危及他人的生命或财产安全。

8. 摄入酒精和药物的限制

民用无人机驾驶员在饮用任何含酒精的液体之后的8小时之内或处于酒精作用之下或者受到任何药物影响及其工作能力对飞行安全造成影响的情况下，不得驾驶无人机。

9. 飞行前准备

在开始飞行之前，机长应当：

9.1 了解任务执行区域限制的气象条件；

9.2 确定运行场地满足无人机使用说明书所规定的条件；

9.3 检查无人机各组件情况、燃油或电池储备、通信链路信号等满足运行要求；对于无人机云系统的用户，应确认系统是否接入无人机云；

9.4 制定出现紧急情况的处置预案，预案中应包括紧急备降地点等内容。

10. 限制区域

机长应确保无人机运行时符合有关部门的要求，避免进入限制区域：

10.1 对于无人机云系统的用户，应该遵守该系统限制；

10.2 对于未接入无人机云系统的用户，应向相关部门了解限制区域的划设情况。不得突破机场障碍物控制面、飞行禁区、未经批准的限制区以及危险区等。

11. 视距内运行(VLOS)

11.1 必须在驾驶员或者观测员视距范围内运行；

11.2 必须在昼间运行；

11.3 必须将航路优先权让与其它航空器。

12. 视距外运行(BVLOS)

12.1 必须将航路优先权让与有人驾驶航空器；

12.2 当飞行操作危害到空域的其他使用者、地面上人身财产安全或不能按照本咨询通告要求继续飞行，应当立即停止飞行活动；

12.3 驾驶员应当能够随时控制无人机。对于使用自主模式的无人机，无人机驾驶员必须能够随时超控。

12.3.1 出现无人机失控的情况,机长应该执行相应的预案,包括:

a. 无人机应急回收程序;

b. 对于接入无人机云的用户,应在系统内上报相关情况;

c. 对于未接入无人机云的用户,联系相关空管服务部门的程序,上报遵照以上程序的相关责任人名单。

13. 民用无人机运行的仪表、设备和标识要求

13.1 具有有效的空地 C2 链路;

13.2 地面站或操控设备具有显示无人机实时的位置、高度、速度等信息的仪器仪表;

13.3 用于记录、回放和分析飞行过程的飞行数据记录系统,且数据信息至少保存三个月(适用于Ⅲ、Ⅳ、Ⅵ和Ⅶ类);

13.4 对于接入无人机云系统的用户,应当符合无人机云的接口规范;

13.5 对于未接入无人机云系统的用户,其无人机机身需有明确的标识,注明该无人机的型号、编号、所有者、联系方式等信息,以便出现坠机情况时能迅速查找到无人机所有者或操作者信息。

14. 管理方式

民用无人机分类繁杂,运行种类繁多,所使用空域远比有人驾驶航空器广阔,因此有必要实施分类管理,依据现有无人机技术成熟情况,针对轻小型民用无人机进行以下运行管理。

14.1 民用无人机的运行管理

14.1.1 电子围栏

a. 对于Ⅲ、Ⅳ、Ⅵ和Ⅶ类无人机,应安装并使用电子围栏。

b. 对于在重点地区和机场净空区以下运行Ⅱ类和Ⅴ类无人机,应安装并使用电子围栏。

14.1.2 接入无人机云的民用无人机

a. 对于重点地区和机场净空区以下使用的Ⅱ类和Ⅴ类的民用无人机,应接入无人机云,或者仅将其地面操控设备位置信息接入无人机云,报告频率最少每分钟一次。

b. 对于Ⅲ、Ⅳ、Ⅵ和Ⅶ类的民用无人机应接入无人机云,在人口稠密区报告频率最少每秒一次。在非人口稠密区报告频率最少每30秒一次。

c. 对于Ⅳ类的民用无人机,增加被动反馈系统。

14.1.3 未接入无人机云的民用无人机

运行前需要提前向管制部门提出申请,并提供有效监视手段。

14.2 民用无人机运营人的管理

根据《民用航空法》规定,无人机运营人应当对无人机投保地面第三人责任险。

15. 无人机云提供商须具备的条件

15.1 无人机云提供商须具备以下条件:

15.1.1 设立了专门的组织机构;

15.1.2 建立了无人机云系统的质量管理体系和安全管理体系;

15.1.3 建立了民用无人机驾驶员、运营人数据库和无人机运行动态数据库,可以清晰

管理和统计持证人员,监测运行情况;

15.1.4 已与相应的管制、机场部门建立联系,为其提供数据输入接口,并为用户提供空域申请信息服务;

15.1.5 建立与相关部门的数据分享机制,建立与其他无人机云提供商的关键数据共享机制;

15.1.6 满足当地人大和地方政府出台的法律法规,遵守军方为保证国家安全而发布的通告和禁飞要求;

15.1.7 获得局方试运行批准。

15.2 提供商应定期对系统进行更新扩容,保证其所接入的民用无人机运营人使用方便、数据可靠、低延迟、飞行区域实时有效。

15.3 提供商每6个月向局方提交报告,内容包括无人机云系统接入航空器架数、运营人数量、技术进步情况、遇到的困难和问题、事故和事故征候等。

16. 植保无人机运行要求

16.1 植保无人机作业飞行是指无人机进行下述飞行:

16.1.1 喷洒农药;

16.1.2 喷洒用于作物养料、土壤处理、作物生命繁殖或虫害控制的任何其他物质;

16.1.3 从事直接影响农业、园艺或森林保护的喷洒任务,但不包括撒播活的昆虫。

16.2 人员要求

16.2.1 运营人指定的一个或多个作业负责人,该作业负责人应当持有民用无人机驾驶员合格证并具有相应等级,同时接受了下列知识和技术的培训或者具备相应的经验:

a. 理论知识。

(1) 开始作业飞行前应当完成的工作步骤,包括作业区的勘察;

(2) 安全处理有毒药品的知识及要领和正确处理使用过的有毒药品容器的办法;

(3) 农药与化学药品对植物、动物和人员的影响和作用,重点在计划运行中常用的药物以及使用有毒药品时应当采取的预防措施;

(4) 人体在中毒后的主要症状,应当采取的紧急措施和医疗机构的位置;

(5) 所用无人机的飞行性能和操作限制;

(6) 安全飞行和作业程序。

b. 飞行技能,以无人机的最大起飞全重完成起飞、作业线飞行等操作动作。

16.2.2 规定的理论培训、技能培训以及考核,并明确其在作业飞行中的任务和职责。

16.2.3 作业负责人对实施农林喷洒作业飞行的每一人员实施。

16.2.4 作业负责人对农林喷洒作业飞行负责。其他作业人员应该在作业负责人带领下实施作业任务。

16.2.5 对于独立喷洒作业人员,或者从事作业高度在15m以上的作业人员应持有民用无人机驾驶员合格证。

16.3 喷洒限制

实施喷洒作业时,应当采取适当措施,避免喷洒的物体对地面的人员和财产造成危害。

16.4 喷洒记录保存

实施农林喷洒作业的运营人应当在其主运行基地保存关于下列内容的记录:

16.4.1 服务对象的名称和地址;

16.4.2 服务日期;

16.4.3 每次作业飞行所喷洒物质的量和名称;

16.4.4 每次执行农林喷洒作业飞行任务的驾驶员的姓名、联系方式和合格证编号(如适用),以及通过知识和技术检查的日期。

17. 无人飞艇运行要求

17.1 禁止云中飞行。在云下运行时,与云的垂直距离不得少于120米。

17.2 当无人飞艇附近存在人群时,须在人群以外30米运行。人群抵近时,飞艇与周边非操作人员的水平间隔不得小于10米,垂直间隔不得小于10米。

17.3 除经局方批准,不得使用可燃性气体,如氢气。

18. 废止和生效

本咨询通告自下发之日起生效。2016年12月31日前Ⅲ、Ⅳ、Ⅴ、Ⅵ和Ⅶ类无人机均应符合本咨询通告要求,在北京、上海、广州、深圳运行的Ⅱ类无人机也应符合本咨询通告要求;2017年12月31日前适用无人机均应符合本咨询通告要求。

当其他法律法规发布生效时,本咨询通告与其内容相抵触部分自动失效。飞行标准司有责任依据法律法规的变化、科技进步、社会需求等及时修订本咨询通告。

附录4 民用无人驾驶航空器经营性飞行活动管理办法(暂行)

为创新许可管理方式,鼓励新兴业态发展,满足企业合规经营需要,拓展无人机应用服务领域,民航局运输司起草了《民用无人驾驶航空器经营性飞行活动管理办法》以下简称《办法》,经征求采纳各方意见,现予印发。

本《办法》自2018年6月1日起生效。

第一章 总则

第一条 为了规范使用民用无人驾驶航空器(以下简称"无人驾驶航空器")从事经营性飞行活动,加强市场监管,促进无人驾驶航空器产业安全、有序、健康发展,依据《民航法》及无人驾驶航空器管理的有关规定,制定本办法。

第二条 本办法适用于在中华人民共和国境内(港澳台地区除外)使用最大空机重量为250g以上(含250g)的无人驾驶航空器开展航空喷洒(撒)、航空摄影、空中拍照、表演飞行等作业类和无人机驾驶员培训类的经营活动。

无人驾驶航空器开展载客类和载货类经营性飞行活动不适用本办法。

第三条 使用无人驾驶航空器开展本办法第二条所列的经营性飞行活动应当取得经营许可证,未取得经营许可证的,不得开展经营性飞行活动。

第四条 中国民用航空局(以下简称民航局)对无人驾驶航空器经营许可证实施统一监督管理。中国民用航空地区管理(以下简称民航地区管理局)负责实施辖区内的无人驾驶航空器经营许可证颁发及监管管理工作。

第二章 许可证申请条件及程序

第五条 取得无人驾驶航空器经营许可证,应当具备下列基本条件:

(一)从事经营活动的主体应当为企业法人,法定代表人为中国籍公民;

(二)企业应至少拥有一架无人驾驶航空器,且以该企业名称在中国民用航空局"民用无人驾驶航空器实名登记信息系统"中完成实名登记;

(三)具有行业主管部门或经其授权机构认可的培训能力(此款仅适用从事培训类经营活动);

(四)投保无人驾驶航空器地面第三人责任险。

第六条 具有下列情形之一的,不予受理无人驾驶航空器经营许可证申请:

(一)申请人提供虚假材料被驳回,一年内再次申请的;

(二)申请人以欺骗、贿赂等不正当手段取得经营许可证后被撤销,三年内再次申请的;

(三)因严重失信行为被列入民航行业信用管理"黑名单"的企业;

(四)法律、法规规定不予受理的其他情形。

第七条 申请人应当通过"民用无人驾驶航空器经营许可证管理系统"(http://uas.ga.caac.gov.cn)在线申请无人驾驶航空器经营许可证,申请人须在线填报以下信息,并确保申请材料及信息真实、合法、有效:

(一)企业法人基本信息;

(二)无人驾驶航空器实名登记号;

(三)无人机驾驶员培训机构认证编号(此款仅适用于培训类经营活动);

(四)投保地面第三人责任险承诺;

(五)企业拟开展的无人驾驶航空器经营项目。

第八条 民航地区管理局应当自申请人在线成功提交申请材料之日起二十日内做出是否准予许可的决定。准予许可的,申请人可在线获取电子经营许可证;不予许可的,申请人可在线查询原因。

第九条 无人驾驶航空器经营许可证所载事项需变更的,许可证持有人应当通过系统提出变更申请。

第十条 民航地区管理局应当自申请人在线成功提交变更申请之日起二十日内做出是否准予变更的决定。准予变更的,申请人可在线获取变更后的电子经营许可证;不予变更的,申请人可在线查询原因。

第三章 监督管理

第十一条 许可证持有人开展经营性飞行活动,应当遵守国家法律法规和无人驾驶航空器管理有关规定的要求,遵守空中运行秩序,确保安全。

第十二条 许可证持有人应持续符合取得经营许可证所需符合的条件。

第十三条 许可证持有人开展飞行活动,应当采取有效的环境保护措施。

第十四条 许可证持有人应在许可证列明的经营范围内开展经营活动。

第十五条 许可证持有人应在飞行活动结束后72小时内,通过系统报送相关作业信息。

第十六条 有下列情形之一的,民航地区管理局依法撤销企业经营许可证:

(一)向不具备许可条件的申请人颁发许可证的;

(二)依法可以撤销经营许可证的其他情形。

第十七条 许可证持有人有下列情形之一的,民航地区管理局应当依法办理经营许可证的注销手续:

(一)因破产、解散等原因被终止法人资格的;

(二)经营许可证依法被撤销的;

(三)经营许可证持有人自行申请注销的;

(四)法律、法规规定的应当注销的其他情形。

第十八条 无人驾驶航空器经营许可证不得涂改、出借、买卖或转让。

第十九条 许可证持有人应当在线打印无人驾驶航空器经营许可证,并置于公司住所或者营业场所的醒目位置。

第二十条 无人驾驶航空器经营许可证在未被依法吊销、撤销、注销等情况下,长期有效。

术语解释

航空喷洒(撒):以无人驾驶航空器作为搭载工具,使用专业设备将液体或固体干物料按特定技术要求从空中向地面目标喷雾或撒播的飞行活动。

航空摄影:以无人驾驶航空器作为搭载工具,使用专业设备获取地球地表反射、辐射以及散射电磁波信息的飞行活动。

空中拍照:以无人驾驶航空器作为搭载工具,使用专业设备获取空中影像资料的飞行活动。

表演飞行:以展示无人驾驶航空器性能、飞行技艺,普及航空知识和满足观众观赏为目的开展的无人驾驶航空器飞行活动。

驾驶员培训:训练机构通过培训驾驶技术及运行要求,以培养符合资质要求的无人机驾驶员为目的而开展的无人机飞行训练活动。

民用无人驾驶航空器管理的有关规定

民用无人驾驶航空器实名制登记管理规定(P-45-AA-2017-03)

民用无人驾驶航空器系统空中交通管理办法(MD-TM-2016-004)

民用无人驾驶航空器驾驶员管理规定(AC-61-FS-2016-20R1)

轻小型无人驾驶航空器运行管理规定(试行)(AC-91-FS-2015-31)

关于民用无人驾驶航空器管理有关问题的暂行规定(ALD2009022)

附录5 低空空域使用管理规定(试行)
(征求意见稿)

第一章 总则

第一条【制定依据】为进一步推动我国低空空域管理改革,规范低空空域管理,提高空域资源利用率,确保低空飞行安全顺畅和高效,依据《中华人民共和国民用航空法》《中华人民共和国飞行基本规则》《通用航空飞行管制条例》等法律法规,紧密结合我国国情军情和通用航空发展实际,制定本规定。

第二条【使用管理原则】低空空域是国家重要战略资源,其使用管理应坚持适应发展、统筹兼顾、简化程序、灵活高效、责权分明、确保安全的原则。

第三条【使用管理主体】国务院、中央军委空中交通管制委员会(以下简称"国家空管委")统一领导全国低空空域使用管理工作,国家空管委办公室负责指导检查工作落实,在现行空管运行体制下,军民航空管部门按照各自职责分工提供空中交通管制服务。

第四条【适用范围】本规定是中华人民共和国境内(不含香港、澳门特别行政区及台湾地区)组织实施低空空域使用管理的基本依据,适用于航空管理部门以及低空空域使用用户。

第五条【监管评估制度】国家空管委办公室组织建立监管评估制度,适时对低空空域使用管理情况进行评估,监管空管运行工作和职能管理部门履职情况,确保低空空域管理运行正规有序。

第二章 空域分类划设

第六条【定义】低空空域原则上是指全国范围内真高1000m(含)以下区域。山区和高原地区可根据实际需要,经批准后可适当调整高度范围。

第七条【分类】低空空域按管制空域、监视空域和报告空域以及目视飞行航线进行分类。

管制空域是指为飞行活动提供空中交通管制服务、飞行情报服务、航空气象服务、航空情报服务和告警服务的空域。

监视空域是指为飞行活动提供飞行情报服务、航空气象服务、航空情报服务和告警服务的空域。

报告空域是指为飞行活动提供航空气象服务和告警服务,并根据用户需求提供航空情报服务的空域。

目视飞行航线是为确保航空用户能够飞到预定空域,且飞行人员在目视条件下飞行的航线。

第八条【划设原则】低空空域划设应统筹考虑国家安全、飞行需求、保障能力、机场布局、环境保护、地形特点等因素,科学划设管制空域、监视空域、报告空域的范围和目视飞行航线。

第九条【划设要求】低空空域应根据不同类别的空域使用需求和航空器活动特点等情况,划设在相应的区域。

管制空域。原则上只能划设在下列区域:(1)空中禁区和空中危险区;(2)国境地带我方一侧10km范围内;(3)全国重点防空目标区和重点防空目标外围5km区域;(4)终端(进近)管制区;(5)军用和民航运输机场的管制地带(担负飞行保障任务且未划设机场管制地带的军用机场,以机场跑道中心点为中心,沿跑道中心线方向,两端各25km,两侧各10km的区域);(6)其他需要重点保护地区。

报告空域。原则上只能划设在下列区域:(1)通用机场和临时起降点10km范围内;(2)不依托通用机场和临时起降点,使用动力三角翼、滑翔伞、动力伞、热气球等通用航空器具,从事文化体育、旅游观光、空中广告宣传等活动的地区上空半径5km范围内;(3)作业相对固定、时间相对集中,且对军航和民用运输航空飞行没有影响的通用航空飞行区域。报告空域不得划设在空中禁区边缘外20km范围内,全国重点防空目标区和重点防空目标边缘外 10km 范围内。

监视空域。管制空域和报告空域之外的空域划设为监视空域。

目视飞行航线。按照监视空域或报告空域标准划设,在管制空域内划设目视飞行航线,必须明确进出通道。

如划设的管制空域与监视、报告空域有交叉区域,交叉区域按管制空域掌握。

第十条【空域要素】空域划设应明确空域名称、水平范围、垂直范围、进出方法、提供服务单位及具体联系方式等要素;目视飞行航线应明确航班代号、航线走向、飞行高度等要素。

第十一条【划设权限】低空空域划设由飞行管制分区主管部门牵头,会同所在地区民航空管部门,在充分听取地方政府及航空用户需求意见的基础上共同划设,报飞行管制区主管部门批准;跨飞行管制分区在飞行管制区内的,由飞行管制区主管部门会同民航地区空管局划定;飞行管制区间的,由空军航管部门会同民航局划定。

第十二条【报备公布】低空空域划设及调整方案由空军航管部门归口报空管委办公室备案,通报民航管理部门,由民航飞行情报管理部门向社会公布。

第三章 空域准入使用

第十三条【管制空域准入】航空用户使用管制空域必须同时具备以下条件:飞行计划获得许可;航空器配备甚高频通信设备、高精度高度表、二次雷达应答机和广播式自动相关监视设备(ADS-B);无线电保持持续双向畅通;民用航空器驾驶员实施目视飞行最低应持有私人执照或运动执照、学生执照,实施仪表飞行最低应持有私人执照。

第十四条【监视空域准入】航空用户使用监视空域必须同时具备以下条件:飞行计划已报备;航空器配备甚高频通信设备和广播式自动相关监视设备;无线电保持持续双向畅通;民用航空器驾驶员最低应持有运动执照或学生执照;空域内飞行,航空器空速不大于 450km/h。

第十五条【报告空域准入】航空用户使用报告空域必须同时具备以下条件:飞行计划已报备,民用航空器驾驶员最低应持有运动执照或学生执照;空域内飞行,航空器空速不大于 450km/h。

第十六条【多类空域准入】航空活动如涉及多类低空空域,按照最高准入条件标准执行。

第十七条【飞行方法】管制空域内允许实施仪表飞行和目视飞行;监视、报告空域内以及目视飞行航线只允许实施目视飞行。

第十八条【空域类型调整】低空空域实行动态管理,灵活使用。军航战备训练和执行紧急任务需要使用低空空域时,可将监视、报告空域调整为临时管制空域;遇有紧急突发事件、地方政府组织重大活动、军用机场无飞行活动等情况时,可临时调整低空空域类型,适时放宽低空空域使用权限。

第十九条【空域调整部门】空域类型调整由飞行管制分区主管部门负责,报飞行管制区主管部门备案,由民航地区飞行情报管理部门向社会公布。如需长期调整空域类型,按照空域划设权限申报批准。

第二十条【空域调整时限】临时管制空域启用需提前 4 小时,管制空域调整为临时监视或临时报告空域需提前 2 小时,监视空域与报告空域之间调整需提前 1 小时确定并发布,临时空域使用时限原则上不超过 24 小时。

第二十一条【临时关闭权限】监视空域、报告空域和目视飞行航线通常不得关闭,确需临时关闭,空域划设单位应及时报上一级部门审批,并通报相关军民航空管部门,由相应民航飞行情报管理部门向社会公布。

第四章 飞行计划审批报备

第二十二条【飞行计划申请】飞行计划主要是指低空空域内通用航空飞行计划,其申请内容包括:航空用户名称、任务性质、航空器型别、架数、机长姓名、航空器呼号、通信联络方法、起降机场(起降点)、备降机场、使用空域(航线)、飞行高度、预计飞行起止时刻、执行日期等。

第二十三条【飞行计划受理】通用航空飞行只向一个单位申报飞行计划。建有飞行服务站的地区,通过飞行服务站受理飞行计划。未建飞行服务站的地区,依托军用和民用运输机场的由所在机场空管部门受理飞行计划;不依托机场的由所在地区飞行管制分区主管部门直接受理或指定相关军民用机场空管部门受理飞行计划。

第二十四条【转场飞行计划审批】民用机场(含通用机场临时起降点)之间的飞行计划,机场按照飞行计划所涉及区域和现行民航申报程序逐级上报,民航空管部门负责审批,并将飞行计划审批情况及时通报相关军民航空管部门,民用机场(含通用机场临时起降点)与军用机场之间的飞行计划,机场(通用航空器在军用机场起飞时,由军用机场委托附近民用机场)按照飞行计划所涉及区域和现行民航申报程序逐级上报,民航空管部门商相关飞行管制区主管部门或空军航管部门后审批,并将飞行计划审批情况及时通报相关军民航空管部门;军用机场之间的飞行计划,按照飞行计划所涉及区域和现行军航申报程序执行,相关飞行管制区主管部门或空军航管部门负责审批,并及时通报相关军民航空管部门。

第二十五条【场内场外飞行计划审批】通用航空用户向飞行服务站或军用机场、民用运输机场提出飞行计划申请(飞行活动范围在民用机场区域内由该机场审批),受理该飞行计划申请的单位集中报飞行管制分区主管部门;飞行计划所涉及区域在飞行管制分区内的,由该部门审批;超出飞行管制分区在飞行管制区内的,由该部门上报飞行管制区主管部门审批;跨飞行管制区间的飞行计划,由飞行管制区主管部门上报空军航管部门审批;仅需民航提供空管服务,由民航按级审批,并报备相对应的军航航管部门。飞行计划审批完后,及时通报相关军民航空管部门。

二十六条【飞行计划审批时限】飞行管制分区内的飞行计划申请,应在起飞前 4 小时提出,审批单位需在起飞前 2 小时批复,超出飞行管制分区在飞行管制区内的,应在起飞前 8 小时前提出,审批单位需在起飞前 6 小时前批复;超出飞行管制区的,应在起飞前 1 天 15 时前提出,审批单位需在起飞前 1 天 18 时前批复,执行紧急任务飞行,应在起飞前 30 分钟提出申请或边起飞边申请,审批单位需在起飞前 10 分钟或立即答复。

第二十七条【飞行计划报备时限】监视空域飞行计划,通航用户应在起飞前 2 小时向飞行计划受理单位报备,飞行计划受理单位需在起飞前 1 小时进行报备;报告空域飞行计划,通航用户应在起飞前 1 小时向飞行计划受理单位报备,飞行计划受理单位需在起飞前 30 分钟进行报备;接受报备部门原则上视为同意,如不同意,需在起飞前 15 分钟通知飞行计划受理单位。

第二十八条【飞行计划实施】军民航空管部门严格按照飞行计划审批意见组织飞行计划

申请与实施,与其他飞行计划确有影响时,按照现行空管运行体制,由相应军民航空管部门实施管制调配。空军和民航局统计汇总通用航空飞行计划审批及申请实施情况,以季度为单位报备国家空管委办公室。

第五章 相关服务保障

第二十九条【信息保障体系】信息保障体系包括通信、导航、监视、气象等内容,其体系建设在国家空管委统一规划下,国家投资,民航和地方政府分别建设。其中,民航负责民用机场(通用机场)及航路航线附近地区的建设和后期运营维护保障;其他区域由军航指导,地方政府负责建设和后期运营维护保障。

第三十条【低空飞行服务站】飞行服务站是现有军民航空管服务保障体系的补充,为通用航空飞行提供飞行计划、航空情报、航空气象、飞行情报、告警和协助救援等服务。

全国飞行服务站布局规划由民航根据地方政府需求研究提出,上报空管委批准;其建设由国家适当投入、地方政府主导建设,地方政府或委托行业协会及运行公司领导管理,民航负责行业监管。

承担通用航空服务保障的飞行管制分区主管部门和军民用机场应按照民航行业标准,扩充设施设备,增加服务功能。

第三十一条【飞行服务站人员培训】飞行服务站人员由地方政府或委托行业协会及运行公司根据功能职责配备,民航或委托行业协会负责飞行服务站人员培训教材编写、能力考核、颁发合格证书和后续在职教育。为提高证件管理权威,证书执照由国家空管委统一制作,民航或其委托行业协会颁发。

第六章 行业监管和违法违规飞行查处

第三十二条【监管查处依据】对违法违规飞行的处罚按照《中华人民共和国民用航空法》《中华人民共和国治安管理处罚法》《中华人民共和国飞行基本规则》和《通用航空飞行管制条例》相关条款执行。

第三十三条【违法违规飞行】从事通用航空飞行活动的单位、个人,如有下列情形之一的,构成违法违规行为:

(一)航空器机载设备不符合空域准入条件;
(二)无飞行计划申请;
(三)未经批准擅自飞行;
(四)不及时报告或漏报飞行动态;
(五)不按计划飞行;
(六)不服从管制指挥指令;
(七)不执行管制空域内目视飞行航线飞行方法;
(八)管制空域内擅自改变航行诸元。

第三十四条【违法违规飞行惩处】

(一)情节较轻、未造成严重后果的,处通用航空企业或个人 10 万元以上 30 万元以下罚款,暂扣经营许可证半个月至 3 个月,飞行人员责令停飞 3 至 6 个月,暂扣飞行执照,相应地区空管协调委进行通报;

（二）情节严重造成严重后果的，处通用航空企业或个人30万元以上50万元以下罚款、暂扣经营许可证3至6个月，封存航空器，责令当事飞行人员停飞6至12个月直至吊销飞行执照，国家空管委进行通报；

（三）造成重大事故或后果极其严重的，禁止当事通用航空企业和个人从事一切通用航空飞行活动，并由公安部门进行侦查取证，按照现行法律及执法程序追究其刑事责任。

第三十五条【联合监管处罚机制】民航、公安、海关、工商、体育、军队等部门应积极配合，通力协作、形成合力，严厉惩治通用航空器违法违规飞行。

第三十六条【民航部门职责】民航部门牵头负责地面取证查处，依照本规定第三十四条做出具体惩处决定，通报协调相关部门落实执行。依法对通用航空器（含进口通用航空器）及零部件设计，生产、维修和飞行进行监管，对通用航空器和从事通用航空活动的企业、个人等进行许可、登记管理；配合军队实施空中监管和空中不明情况的应急查证处置，负责对通用航空违法违规飞行进行地面查处；负责建立情况通报、登记制度，凡依本规定受到处罚的企业、个人均由民航主管部门记入用户档案。

第三十七条【公安部门职责】公安部门配合有关部门依法对通用航空器实施管理，负责违法违规通用航空器落地后的秩序和现场处置工作，配合对违法违规飞行的单位或个人进行查处；组织协调重大活动期间通用航空器的地面防范管控工作；协助军队进行空中违规查证。

第三十八条【海关部门职责】海关部门负责办理通用航空器进境海关手续并加强监管。

第三十九条【工商部门职责】工商部门负责对生产销售通用航空器企业的登记管理，对未经批准私自生产销售的违法违规行为进行查处。

第四十条【体育部门职责】体育部门负责对从事航空体育运动项目的单位、人员和通用航空器的审查登记和管理，并将具体情况通报公安、民航部门和军队。

第四十一条【气象部门职责】气象部门负责对具有施放气球资质资格的单位、人员的审查、登记、管理及施放气球作业审批等，参与对违规施放气球活动的查处。

第四十二条【军队职责】军队牵头负责组织空中监管，查证空中不明情况，及时通报公安民航等部门，并提供所掌握的查证情况。

第四十三条【责任追究】坚持"谁违规谁担责"的原则，低空违法违规飞行造成严重后果的，主要追究当事通用航空单位或个人责任；如涉及监管部门不作为，不履职，也要追究相关部门领导管理责任；军队只承担地面警戒监视系统看得见而未及时发现和处置的连带责任。

第四十四条【责任监督】采取设立监督电话、空管微信、空管网站举报等方式建立监督检查机制，对监管部门履职情况进行监督。

第七章 附则

第四十五条【外籍通用航空器及人员管理】外籍通用航空器或外籍人员驾驶我国通用航空器在低空空域飞行，按现行规定审批飞行任务。香港、澳门特别行政区以及台湾地区通用航空器和人员在内地飞行，按照外籍通用航空器和人员进行管理。

第四十六条【无人驾驶航空器及人员管理】在低空空域飞行的民用无人驾驶航空器和操作人员的审查、登记、管理，由民航局负责。无人驾驶航空器飞行计划按管制空域相关规定申请办理,通常不得与有人驾驶航空器在同一空域组织飞行。

第四十七条【目视飞行航图制作管理】目视飞行航图由国家空管委办公室统一管理,其制作发行由国家空管委办公室指定专门机构负责。目视飞行航图的数据采集、核准、更新以及其他相关事宜,由国家空管委办公室制定具体规定另行明确。

第四十八条【规定说明】本规定与其它规定有矛盾的,按本规定执行;本规定未明确事项按现行规定执行。低空空域划设在空中禁区、空中危险区、国(边)境地带时,其使用管理仍按现行规定执行。国家航空器的适航、人员管理和飞行计划审批等事宜,由其主管部门参照本规定制定具体实施办法。

第四十九条【施行日期】本规定自发布之日起施行。

附录6 无人驾驶航空器飞行管理暂行条例
（征求意见稿）

第一章 总则

第一条 为了规范无人驾驶航空器飞行以及相关活动,保障飞行管理工作顺利高效开展,制定本条例。

第二条 在中华人民共和国境内辖有无人驾驶航空器系统的单位、个人和与无人驾驶航空器飞行有关的人员及其相关活动,应当遵守本条例。

第三条 无人驾驶航空器飞行管理工作,以习近平新时代中国特色社会主义思想为指导,坚持军民融合、管放结合、空地联合,实施全生命周期设计、全类别覆盖、全链条管理,维护国家安全、公共安全、飞行安全,促进无人驾驶航空器产业及相关领域健康有序发展。

第四条 无人驾驶航空器飞行管理应当坚持安全为要,降低飞行活动风险;坚持需求牵引,适应行业创新发展;坚持分类施策,统筹资源配置利用;坚持齐抓共管,形成严密管控格局。

第五条 本条例所称无人驾驶航空器,是指机上没有驾驶员进行操作的航空器,包括遥控驾驶航空器、自主航空器、模型航空器等。

遥控驾驶航空器和自主航空器统称无人机。

第六条 国务院、中央军委空中交通管制委员会领导全国无人驾驶航空器飞行管理工作,通过无人驾驶航空器管理部际联席工作机制,协调解决管理工作中出现的重大问题。各单位各部门依据有关规定负责无人驾驶航空器相关管理工作。

第七条 模型航空器管理规则,由国务院体育行政部门会同空军、国务院民用航空主管部门、国务院公安部门等单位参照本条例另行制定。

第二章 无人机系统

第八条 无人机分为国家无人机和民用无人机。民用无人机,指用于民用航空活动的无人机;国家无人机,指用于民用航空活动之外的无人机,包括用于执行军事、海关、警察等飞行任务的无人机。

根据运行风险大小,民用无人机分为微型、轻型、小型、中型、大型。其中:

微型无人机,是指空机重量小于0.25千克,设计性能同时满足飞行真高不超过50米、最大飞行速度不超过 40 千米/小时、无线电发射设备符合微功率短距离无线电发射设备技术要求的遥控驾驶航空器。

轻型无人机,是指同时满足空机重量不超过 4 千克,最大起飞重量不超过 7 千克,最大飞行速度不超过 100 千米/小时,具备符合空域管理要求的空域保持能力和可靠被监视能力的遥控驾驶航空器,但不包括微型无人机。

小型无人机,是指空机重量不超过 15 千克或者最大起飞重量不超过 25 千克的无人机,但不包括微型、轻型无人机。

中型无人机,是指最大起飞重量超过 25 千克不超过 150 千克,且空机重量超过 15 千克的无人机。

大型无人机,是指最大起飞重量超过 150 千克的无人机。

第九条　无人机生产企业规范、产品制造标准、产品安全性,应当符合相关规定。

中型、大型无人机,应当进行适航管理。

微型、轻型、小型无人机投放市场前,应当完成产品认证;投放市场后,发现存在缺陷的,其生产者、进口商应当依法实施召回。

第十条　销售除微型无人机以外的民用无人机的单位、个人应当向公安机关备案,并核实记录购买单位、个人的相关信息,定期向公安机关报备。

购买除微型无人机以外的民用无人机的单位、个人应当通过实名认证,配合做好相关信息核实。

第十一条　民用无人机登记管理包括实名注册登记、国籍登记。

除微型无人机以外的民用无人机应当向民用航空管理机构实名注册登记,根据有关规则进行国籍登记。

登记管理相关信息,民用航空管理机构应当与军民航空管、公安、工业和信息化等部门共享。

民用无人机登记信息发生变化时,其所有人应当及时变更;发生遗失、被盗、报废时,应当及时申请注销。

第十二条　使用民用无人机从事商业活动应当取得经营许可。

第十三条　民用无人机应当具有唯一身份标识编码;除微型无人机以外的民用无人机飞行,应当按照要求自动报送身份标识编码或者其他身份标识。

第十四条　具备遥测、遥控和信息传输等功能的民用无人机无线电发射设备,其工作频率、功率等技术指标应当符合国家无线电管理相关规定。

第十五条　民用无人机生产者应当在微型、轻型无人机的外包装显著标明守法运行说明和防范风险提示,在机体标注无人机类别。

第十六条　从事小型、中型、大型无人机飞行活动和利用轻型无人机从事商业活动的单位或者个人,应当强制投保第三者责任险。

第十七条　国家无人机的分类、定型、登记、识别、保险等管理办法,由相关部门另行制定。

第十八条　无人机、无人机系统技术的进出口应当遵守中华人民共和国相关法律法规。

个人携带或者寄递民用无人机入境,应当遵守相关管理规定。

第十九条　为维护国家安全、公共安全、飞行安全,保障重大任务,处置突发事件,军队、武警部队、公安机关和国家安全机关可以配备和依法使用无人机反制设备。无线电技术性阻断反制设备的使用,需经无线电管理机构批准。

第三章　无人机驾驶员

第二十条　轻型无人机驾驶员应当年满 14 周岁,未满 14 周岁应当有成年人现场监护;小型无人机驾驶员应当年满 16 周岁;中型、大型无人机驾驶员应当年满 18 周岁。

第二十一条　民用无人机驾驶员培训包括安全操作培训和行业培训。

安全操作培训包括理论培训和操作培训,理论培训包含航空法律法规和相关理论知识,操作培训包含基本操作和应急操作。安全操作培训管理由国务院民用航空主管部门负责。

行业主管部门对民用无人机行业应用有特殊要求的,可实施行业培训,行业培训包括任务特点、任务要求和特殊操控等培训。培训管理由行业主管部门负责。

第二十二条　操控微型无人机的人员需掌握运行守法要求。

驾驶轻型无人机在相应适飞空域飞行,需掌握运行守法要求和风险警示,熟悉操作说明;超出适飞空域飞行,需参加安全操作培训的理论培训部分,并通过考试取得理论培训合格证。

独立操作的小型、中型、大型无人机,其驾驶员应当取得安全操作执照。

分布式操作的无人机系统或者集群,其操作者个人无须取得安全操作执照,组织飞行活动的单位或者个人以及管理体系应当接受安全审查并取得安全操作合格证。

第二十三条　国家无人机驾驶员管理办法,由相关部门另行制定。

第二十四条　驾驶员应当接受民用航空管理机构、飞行管制部门以及公安机关进行的身份和资质查验。

第二十五条　因故意犯罪曾经受到刑事处罚的人员,不得担任中型、大型无人机驾驶员。

第四章　飞行空域

第二十六条　无人机飞行空域划设应当遵循统筹配置、灵活使用、安全高效原则,充分考虑国家安全、社会效益和公众利益,科学区分不同类型无人机飞行特点,以隔离运行为主、兼顾部分混合飞行需求,明确飞行空域的水平、垂直范围和使用时限。

第二十七条　未经批准,微型无人机禁止在以下空域飞行:

(一)真高 50 米以上空域;

(二)空中禁区以及周边 2000 米范围;

(三)空中危险区以及周边 1000 米范围;

(四)机场、临时起降点围界内以及周边 2000 米范围的上方;

(五)国界线、边境线到我方一侧 2000 米范围的上方;

(六)军事禁区以及周边 500 米范围的上方,军事管理区、设区的市级(含)以上党政机关、监管场所以及周边 100 米范围的上方;

(七)射电天文台以及周边 3000 米范围的上方,卫星地面站(含测控、测距、接收、导航站)等需要电磁环境特殊保护的设施以及周边 1000 米范围的上方,气象雷达站以及周边 500 米范围的上方;

（八）生产、储存易燃易爆危险品的大型企业和储备可燃重要物资的大型仓库、基地以及周边 100 米范围的上方，发电厂、变电站、加油站和大型车站、码头、港口、大型活动现场以及周边 50 米范围的上方，高速铁路以及两侧 100 米范围的上方，普通铁路和省级以上公路以及两侧 50 米范围的上方；

（九）军航超低空飞行空域。

上述微型无人机禁止飞行空域由省级人民政府会同战区确定具体范围，由设区的市级人民政府设置警示标志或者公开相应范围。警示标志设计，由国务院民用航空主管部门负责。

第二十八条　划设以下空域为轻型无人机管控空域：

（一）真高 120 米以上空域；

（二）空中禁区以及周边 5000 米范围；

（三）空中危险区以及周边 2000 米范围；

（四）军用机场净空保护区，民用机场障碍物限制面水平投影范围的上方；

（五）有人驾驶航空器临时起降点以及周边 2000 米范围的上方；

（六）国界线到我方一侧 5000 米范围的上方，边境线到我方一侧 2000 米范围的上方；

（七）军事禁区以及周边 1000 米范围的上方，军事管理区、设区的市级（含）以上党政机关、核电站、监管场所以及周边 200 米范围的上方；

（八）射电天文台以及周边 5000 米范围的上方，卫星地面站（含测控、测距、接收、导航站）等需要电磁环境特殊保护的设施以及周边 2000 米范围的上方，气象雷达站以及周边 1000 米范围的上方；

（九）生产、储存易燃易爆危险品的大型企业和储备可燃重要物资的大型仓库、基地以及周边 150 米范围的上方，发电厂、变电站、加油站和中大型车站、码头、港口、大型活动现场以及周边 100 米范围的上方，高速铁路以及两侧 200 米范围的上方，普通铁路和国道以及两侧 100 米范围的上方；

（十）军航低空、超低空飞行空域；

（十一）省级人民政府会同战区确定的管控空域。

未经批准，轻型无人机禁止在上述管控空域飞行。管控空域外，无特殊情况均划设为轻型无人机适飞空域。

植保无人机适飞空域，位于轻型无人机适飞空域内，真高不超过 30 米，且在农林牧区域的上方。

第二十九条　每年 10 月 31 日前，省级人民政府汇总各方需求并商所在战区后，向有关飞行管制部门提出轻型无人机空域划设申请；11 月 30 日前，负责审批的飞行管制部门应予批复，并通报相关民用航空情报服务机构；12 月 15 日前，省级人民政府发布行政管辖范围内空域划设信息，国务院民用航空主管部门收集并统一发布全国空域划设信息；翌年 1 月 1 日起，发布的空域生效，有效期 1 年。

临时关闭部分轻型无人机适飞空域，由省级（含）以上人民政府或者军级（含）以上单位提出申请，飞行管制部门根据权限进行审批，并通报相关民用航空情报服务机构。临时关闭期限通常不超过 72 小时，由省级人民政府于关闭生效时刻 24 小时前发布。遇有重大活动和紧急突发情况时，飞行管制部门根据需要可以临时关闭部分轻型无人机适飞空域，通常在生效时刻前 1 小时发布。

第三十条 无人机通常与有人驾驶航空器隔离运行,划设隔离空域,并保持一定间隔。已发布的轻型无人机适飞空域不影响隔离空域的划设。符合下列条件之一的,可不划设隔离空域:

(一)执行特殊任务的国家无人机飞行;

(二)经过充分安全认证的中型、大型无人机飞行;

(三)轻型无人机在适飞空域上方不超过飞行安全高度飞行;

(四)具备可靠被监视和空域保持能力的小型无人机在轻型无人机适飞空域及上方不超过飞行安全高度飞行。

第三十一条 飞行安全高度及以上、跨越飞行安全高度的隔离空域间隔,应当高于现行空域间隔规定;低于飞行安全高度的隔离空域间隔,可以适当低于现行空域间隔规定。

第三十二条 隔离空域申请,由申请人在拟使用隔离空域 7 个工作日前,向有关飞行管制部门提出;负责批准该隔离空域的飞行管制部门应当在拟使用隔离空域 3 个工作日前做出批准或者不予批准的决定,并通知申请单位或者个人。

申请内容主要包括:使用单位或者个人,无人机类型及主要性能,飞行活动性质,隔离空域使用时间、水平范围、垂直范围,起降区域或者坐标,飞入飞出隔离空域方法,登记管理的信息等。

第三十三条 划设无人机隔离空域,按照下列规定的权限批准:

(一)在飞行管制分区内划设的,由负责该分区飞行管制的部门批准;

(二)超出飞行管制分区在飞行管制区内划设的,由负责该管制区飞行管制的部门批准;

(三)在飞行管制区间划设的,由空军批准。

批准划设隔离空域的部门应当将划设的隔离空域报上一级飞行管制部门备案,并通报有关单位。

第三十四条 无人机隔离空域的使用期限,应当根据飞行的性质和需要确定,通常不得超过 12 个月。

因飞行任务需要延长隔离空域使用期限的,应当报经批准该隔离空域的飞行管制部门同意。

隔离空域飞行活动全部结束后,空域申请人应当及时报告有关飞行管制部门,其申请划设的隔离空域即行撤销。

已划设的隔离空域,经飞行管制部门同意后,其他单位或者个人也可以使用。

第三十五条 国家无人机执行飞行任务时,拥有空域优先使用权。

第五章 飞行运行

第三十六条 国家统筹建立具备监视和必要管控功能的无人机综合监管平台,民用无人机飞行动态信息与公安机关共享。国务院公安部门建立民用无人机公共安全监管系统。

第三十七条 从事无人机飞行活动的单位或者个人实施飞行前,应当向当地飞行管制部门提出飞行计划申请,经批准后方可实施。飞行计划申请应当于飞行前 1 日 15 时前,向所在机场或者起降场地所在的飞行管制部门提出;飞行管制部门应当于飞行前 1 日 21 时前批复。

国家无人机在飞行安全高度以下遂行作战战备、反恐维稳、抢险救灾等飞行任务,可适当简化飞行计划审批流程。

微型无人机在禁止飞行空域外飞行,无须申请飞行计划。轻型、植保无人机在相应适飞空域飞行,无须申请飞行计划,但须向综合监管平台实时报送动态信息。

第三十八条 无人机飞行计划内容通常包括:
(一)组织该次飞行活动的单位或者个人;
(二)飞行任务性质;
(三)无人机类型、架数;
(四)通信联络方法;
(五)起飞、降落和备降机场(场地);
(六)预计飞行开始、结束时刻;
(七)飞行航线、高度、速度和范围,进出空域方法;
(八)指挥和控制频率;
(九)导航方式,自主能力;
(十)安装二次雷达应答机的,注明二次雷达应答机代码申请;
(十一)应急处置程序;
(十二)其他特殊保障需求。

有特殊要求的,应当提交有效任务批准文件和必要资质证明。

第三十九条 无人机飞行计划按照下列规定权限批准:
(一)在机场区域内的,由负责该机场飞行管制的部门批准;
(二)超出机场区域在飞行管制分区内的,由负责该分区飞行管制的部门批准;
(三)超出飞行管制分区在飞行管制区内的,由负责该区域飞行管制的部门批准;
(四)超出飞行管制区的,由空军批准。

第四十条 使用无人机执行反恐维稳、抢险救灾、医疗救护或者其他紧急任务的,可以提出临时飞行计划申请。临时飞行计划申请最迟应当于起飞 30 分钟前提出,飞行管制部门应当在起飞 15 分钟前批复。

第四十一条 申请并获得批准的无人机飞行计划,组织该次飞行活动的单位或者个人应当在无人机起飞 1 小时前向飞行管制部门报告计划开飞时刻和简要准备情况,经放飞许可方可飞行;飞行中实时掌握无人机飞行动态,保持与飞行管制部门通信联络畅通;飞行结束后,及时报告飞行实施情况。

第四十二条 隔离空域内飞行,无人机之间飞行间隔应当不低于现行飞行间隔规定。

第四十三条 隔离空域外飞行,无人机之间、无人机与有人驾驶航空器之间应当保持一定间隔。

执行特殊任务的国家无人机或者经充分安全认证的中型、大型无人机,可与有人驾驶航空器混合飞行,无人机之间、无人机与有人驾驶航空器之间的飞行间隔,均不低于现行飞行间隔规定。

轻型无人机在适飞空域上方不超过飞行安全高度飞行,小型无人机在轻型无人机适飞空域及上方不超过飞行安全高度的飞行,且同时满足下列条件的,无人机之间、无人机与有人驾驶航空器之间的飞行间隔不高于现行飞行间隔规定：

（一）能够按要求自动向综合监管平台报送信息，包括位置、高度、速度、身份标识；

（二）遥控站（台）与无人机、飞行管制部门保持持续稳定的双向通信联络；

（三）航线保持精度上下各50米，左右各1000米以内；

（四）能够自动按照预先设定的飞行航线和高度自主返航或者备降。

轻型无人机在适飞空域上方不超过飞行安全高度飞行，小型无人机在轻型无人机适飞空域及上方不超过飞行安全高度的飞行，不能同时满足上述条件的，无人机之间、无人机与有人驾驶航空器之间的飞行间隔不低于现行飞行间隔规定。

第四十四条 无人机飞行应当避让有人驾驶航空器飞行。轻型、植保无人机通常在相应适飞空域飞行，并主动避让有人驾驶航空器、国家无人机和小型、中型、大型无人机飞行；微型无人机飞行，应当保持直接目视接触，主动避让其他航空器飞行。

除执行特殊任务的国家无人机外，夜间飞行的无人机应当开启警示灯并确保处于良好状态。

未经飞行管制部门批准，禁止轻型无人机在适飞空域从事货物运输，禁止在移动的车辆、船舶、航空器上（内）驾驶除微型无人机以外的无人机。

第四十五条 在我国境内，禁止境外无人机或者由境外人员单独驾驶的境内无人机从事测量勘查以及对敏感区域进行拍摄等飞行活动。发现其违法飞行，飞行管制部门责令立即停止飞行，并通报外事、公安等部门及时处置。

第四十六条 与无人机飞行有关的单位、个人负有保证飞行安全的责任，应当遵守有关规章制度，积极采取预防事故措施，保证飞行安全。

微型无人机飞行，轻型、植保无人机在相应适飞空域飞行，两个及以上单位或者个人在同一隔离空域内飞行，无人机与有人驾驶航空器混合飞行，安全责任均由组织该次飞行活动的单位或者个人承担；其他飞行，安全责任依照相关规定执行。

第四十七条 无人机飞行发生特殊情况，组织该次飞行活动的单位或者个人作为飞行安全的责任主体，有权做出及时正确的处置，并遵从军民航空管部门指令。组织民用无人机飞行的单位或者个人，应当在降落后24小时内向民用航空管理机构提交书面报告。

对空中不明情况和违法违规飞行，军队应当迅速组织空中查证处置，公安机关应当迅速组织地面查证处置，其他相关部门应当予以配合。

第四十八条 飞行空域和计划的审批情况应当接受社会和用户监督。各级空域管理部门应当主动提供单位名称、申请流程、联络方法、监督方式，国务院民用航空主管部门、省级人民政府负责发布，遇有变化及时更新。

第六章 法律责任

第四十九条 对未按照适航管理规定设计、生产、销售、使用民用无人机的，由民用航空管理机构责令停止相关活动，处以10万元以上100万元以下罚款，如有违法所得，没收违法所得，并处违法生产产品货值金额1倍以上5倍以下的罚款；情节严重的，由相关部门吊销营业执照。

对未经产品认证擅自出厂、销售民用无人机的，由产品质量监督部门责令改正，处以5万元以上20万元以下罚款，如有违法所得，没收违法所得。

对私自改造无人机飞行控制系统，破坏空域保持和被监视能力，改变速度、高度、无线电发射功率等性能的行为，由工业和信息化部门、民用航空管理机构、产品质量监督部门等给予警告，暂扣或者吊销经营许可证、飞行合格证或者执照，并处以2万元以上20万元以下罚款。

第五十条　销售民用无人机的单位、个人未按照规定进行备案的，由公安机关责令改正，暂扣涉事无人机。销售民用无人机的单位、个人未按照规定核实记录购买单位、个人信息的，由公安机关对轻型、小型无人机销售单位、个人处以1千元以上1万元以下罚款，对中型、大型无人机销售单位、个人处以5000元以上5万元以下罚款。

第五十一条　未按照规定进行民用无人机实名注册登记从事飞行活动的，由军民航空管部门责令停止飞行。民用航空管理机构对从事轻型、小型无人机飞行活动的单位或者个人处以2千元以上2万元以下罚款，对从事中型、大型无人机飞行活动的单位或者个人处以5000元以上10万元以下罚款。

未按照规定进行民用无人机国籍登记从事飞行活动的，由军民航空管部门责令停止飞行。民用航空管理机构对从事轻型、小型无人机飞行活动的单位或者个人处以1万元以上10万元以下罚款，对从事中型、大型无人机飞行活动的单位或者个人处以10万元以上50万元以下罚款；如有违法所得，没收违法所得，并处违法所得1倍以上5倍以下的罚款。

第五十二条　违反规定携带或者寄递民用无人机入境的，由海关暂扣涉事无人机，并对携带或者寄递轻型、小型无人机的单位或者个人处以5000元以上10万元以下罚款，对携带或者寄递中型、大型无人机的单位或者个人处以5万元以上50万元以下罚款。

第五十三条　未满14周岁且无成年人现场监护而驾驶轻型无人机飞行的，由民用航空管理机构处以200元以上500元以下罚款。

未按照规定取得民用无人机驾驶员合格证或者执照驾驶民用无人机的，由民用航空管理机构处以5000元以上10万元以下罚款。超出合格证或者执照载明范围驾驶无人机的，由民用航空管理机构暂扣合格证或者执照6个月以上1年以下，并处3万元以上20万元以下罚款。

第五十四条　违反本条例规定，未经批准飞入空中禁区的，由有关部门按照国家有关规定处置。违反本条例规定有下列情形之一的，由有关部门按照职责分工责令改正，给予警告；情节较重的，处以1万元以上5万元以下罚款，并可给予责令停飞1至3个月以及暂扣经营许可证、驾驶员合格证或者执照的处罚；情节严重的，处以5万元以上20万元以下罚款，并可给予责令停飞2个月至1年以及暂扣直至吊销经营许可证、驾驶员合格证或者执照的处罚；造成重大事故或者严重后果的，吊销经营许可证、驾驶员合格证或者执照，2年内不受理其航空相关许可证书申请。

（一）未按照规定避让有人驾驶航空器飞行的；

（二）违反飞行限制条件飞行的；

（三）未经批准擅自飞行的；

（四）未按批准的飞行计划飞行的；

（五）未按要求及时报告或者漏报飞行动态的；

（六）未经批准飞入空中危险区或者除空中禁区以外其他不允许飞行空域的；

(七)发生影响飞行安全的特殊情况不及时采取措施,或者处置不当的;
(八)不服从管制指挥指令的。

第五十五条 国家无人机执行飞行任务发生违法违规行为的处罚办法,由相关部门另行制定。

第五十六条 违反本条例规定,构成违反治安管理行为或者其他行政违法行为的,依法给予治安管理处罚或者其他行政处罚;构成犯罪的,依法追究刑事责任。

对违反本条例规定的单位、个人,纳入社会信用管理系统,实施失信联合惩戒,同时将涉企行政许可、行政处罚等信息记于企业名下并在国家企业信用信息公示系统公示。

第七章 附则

第五十七条 民用无人机飞行管理及其相关活动,本条例没有规定的,适用《中华人民共和国民用航空法》《中华人民共和国飞行基本规则》《通用航空飞行管制条例》《中华人民共和国无线电管理条例》以及有关法律法规。

国家无人机飞行管理及其相关活动,本条例没有规定的,适用《中华人民共和国飞行基本规则》《中华人民共和国无线电管理条例》以及有关法律法规。

第五十八条 本条例下列用语的含义:

模型航空器,是指重于空气、有尺寸和重量限制、不载人,不具有控制链路回传遥控站(台)功能或者自主飞行功能,仅限在操纵员目视视距内飞行或者借助回传图像进行第一视角遥控操纵飞行的无人驾驶航空器,包括自由飞、线控、无线电遥控模型航空器。

遥控驾驶航空器,是指通过遥控站(台)驾驶的无人驾驶航空器,但不包括模型航空器。

自主航空器,是指在飞行过程中,驾驶员全程或者阶段无法介入控制的无人驾驶航空器。

遥控站(台),是指遥控驾驶航空器的各种操控设备(手段)以及相关系统组成的整体。

空机重量,是指无人机机体、电池、燃料容器等固态装置重量总和,不含填充燃料和任务载荷的重量。

最大起飞重量,是指受设计或者运行限制,无人机正常起飞所容许的最大重量。

空域保持能力,是指具有高度与水平范围的控制能力。

无人机系统,是指无人机以及与其相关的遥控站(台)、任务载荷和控制链路等组成的系统。

植保无人机,是指设计性能同时满足飞行真高不超过 30 米、最大飞行速度不超过 50 千米/时、最大飞行半径不超过 2000 米、最大起飞重量不超过 150 千克,具备可靠被监视能力和空域保持能力,专门用于农林牧植保作业的遥控驾驶航空器。

分布式操作,是指把无人机系统操作分解为多个子业务,部署在多个站点或者终端进行协同操作的模式,不要求个人具备对无人机系统的完全操作能力。

混合飞行,是指无人机与有人驾驶航空器在同一空域内的飞行。

隔离空域,是指专门为无人机飞行划设的空域。

飞行安全高度,是指避免航空器与地面障碍物相撞的最低飞行高度。

第五十九条 本条例于××××年×月×日起施行。

附录7 《无人驾驶航空器飞行管理暂行条例（征求意见稿）》的说明

现将《无人驾驶航空器飞行管理暂行条例（征求意见稿）》（以下简称《征求意见稿》）有关问题说明如下。

一、关于拟制原则

拟制工作具体把握以下原则：一是坚持安全为要。把确保飞行安全和重要目标安全作为立法工作考虑的重点，科学统筹管理与使用的关系，扭住产品质量、登记识别、人员资质、运行间隔等关键环节，降低安全风险。二是坚持创新发展。研究把握无人机运行特点规律，借鉴国际有益做法，着力在分级分类、空域划设、计划申请等管理措施上实现突破，促进产业及相关领域健康有序发展。三是坚持问题导向。以规范微型、轻型、小型等民用无人机运行及相关活动为重点，查找存在的矛盾问题，剖析症结根源，研提措施办法，起草条款内容。四是坚持管放结合。对不同安全风险的无人机明确不同管理办法，放开无危害的微型无人机，适度放开较小危害的轻型无人机，简化小型无人机管理流程，切实管好中型、大型无人机。五是坚持齐抓共管。依托无人驾驶航空器管理部际联席工作机制，界定职能任务，明晰协同关系，努力形成军地联动、统一高效、责任落实、协调密切的常态管控格局。

二、关于管理对象

无人驾驶航空器通常包括遥控驾驶航空器、自主航空器、模型航空器等。最大起飞重量不超过25千克的遥控驾驶航空器和自主航空器是当前管理工作的重难点，与模型航空器虽然在飞行高度、速度、机体重量等方面存在相似之处，但在构造、用途、操控方式等方面存在明显差异。模型航空器在生产制造、销售流通等环节通常无须特别要求，各国普遍将其赋予体育部门管理，我国长期以来也采取类似做法。为此，《征求意见稿》主要规范遥控驾驶航空器和自主航空器的管理，模型航空器管理规则授权国务院体育行政部门会同有关部门制定。

三、关于无人机分级分类

世界有关国家普遍对无人机实施分级分类管理。《征求意见稿》考虑到无人机的安全威胁主要来自高度冲突、动能大小及活动范围，在吸收各国现行分级分类管理方法的基础上，紧密结合我国国情，将无人机分为两级三类五型：两级，按执行任务性质，将无人机分为国家和民用两级；三类，按飞行管理方式，将民用无人机分为开放类、有条件开放类、管控类；五型，按飞行安全风险，以重量为主要指标，结合高度、速度、无线电发射功率、空域保持能力等性能指标，将民用无人机分为微型、轻型、小型、中型、大型。

四、关于微型、轻型无人机分类数值

借鉴大多数国家对重量小于 0.25 千克无人机放开管理的做法,《征求意见稿》将开放类无人机空机重量上限定为 0.25 千克且设计性能满足一定要求;吸收国内外碰撞试验成果,结合国内大多数用于消费娱乐的无人机空机重量不超过 4 千克的实际,《征求意见稿》将有条件开放类无人机空机重量确定为不超过 4 千克(最大起飞重量不超过 7 千克)且运行性能满足一定条件。上述无人机分类数值界定,既充分考虑了当前用于消费娱乐的无人机飞行需求和安全风险,也有利于促进产业健康有序发展。

五、关于最大起飞重量和空机重量

"最大起飞重量"概念多使用于有人驾驶航空器,是适航管理工作监测认证的重要指标,很多国家在无人机立法时,直接沿用了这一概念。但由于小型、轻型无人机没有适航要求,不一定能够提供经过官方检测的最大起飞重量数值。为易于管理,《征求意见稿》把"最大起飞重量""空机重量"作为轻型、小型、中型无人机的两个重要分类条件。其中,轻型、中型无人机应当同时满足两个条件,小型无人机只需满足其中一个条件。

六、关于飞行空域

《征求意见稿》针对各类无人机飞行活动对安全的影响程度,充分考虑国家无人机和微型、轻型、植保等民用无人机的特殊使用需求,以飞行安全高度为重要标准,明确了微型无人机禁止飞行空域和轻型、植保无人机适飞空域的划设原则,规定了无人机隔离空域的申请条件,以及具备混合飞行的相关要求,基本满足了各类无人机飞行空域需求。

七、关于飞行计划申请与批复流程

《征求意见稿》突破现行"所有飞行必须预先提出申请,经批准后方可实施"的规定,对部分运行场景的飞行计划申请与批复流程做出适当简化。微型无人机在禁止飞行空域外飞行,无须申请飞行计划;轻型、植保无人机在相应适飞空域内飞行,只需实时报送动态信息;轻型无人机在适飞空域上方不超过飞行安全高度飞行,具备一定条件的小型无人机在轻型无人机适飞空域及上方不超过飞行安全高度的飞行,只需申请飞行计划;国家无人机在飞行安全高度以下遂行作战战备、反恐维稳、抢险救灾等飞行任务,可适当简化飞行计划审批流程。同时,将紧急任务飞行申请时限由现行"1 小时前"调整为"30 分钟前",为用户提供方便。

八、关于植保无人机特殊政策

《征求意见稿》对符合条件的植保无人机给予了特殊政策,包括配置特许空域、免予计划申请等。主要考虑:一是植保无人机出厂时即被限定了超低的飞行高度、有限的飞行距离、较慢的飞行速度,以及可靠的被监视和空域保持能力;二是植保无人机作业飞行,绝大多数飞行高度不超过真高 30m,且作业区域均位于农田、牧场等人口稀少地带;三是植保无人机作业可提高农林牧生产效率,正日益成为改善农村生产方式的有效手段。

九、关于轻型无人机适飞空域真高上限

轻型无人机以消费娱乐为主,将适飞空域真高上限确定为 120 米,主要考虑:一是航路和固定航线以 600 米为起始飞行高度层;二是有人驾驶航空器除因起降、特殊任务(作业)以及经批准的特殊航线飞行外,不得低于 150 米高度;三是统计数据表明,国内轻型无人机飞行低于 120 米高度的占比达 90% 以上;四是多数国家将类似无人机的飞行活动限定真高不超过 120 米。

参 考 文 献

[1] 陈东锋,矫贞刚,张国正. 人的因素与飞行安全[M]. 北京:国防工业出版社,2016.
[2] 杜俊敏. 人为因素与飞行安全[M]. 北京:北京航空航天大学出版社,2016.
[3] 杨苡,戴长靖,孙俊田. 无人机操控技术[M]. 北京:机械工业出版社,2020.
[4] 顾世敏. 飞向安全:航空飞行的进步之源[M]. 北京:北京航空航天大学出版社,2016.
[5] [英]奥斯汀 著,陈自力,董海瑞,江涛 译,无人机系统——设计开发与应用[M]. 北京:国防工业出版社,2013.
[6] 何宇廷. 飞行器安全性工程[M]. 北京:国防工业出版社,2014.
[7] 陈东锋. 飞行安全基础[M]. 北京:航空工业出版社,2020.
[8] 罗云,裴晶晶. 风险分析与安全评价(第三版)[M]. 北京:化学工业出版社,2016.
[9] 贾玉红. 航空航天概论[M]. 北京:北京航空航天大学出版社,2013.
[10] 王勇等. 民用飞机无线电通信导航监视系统[M]. 上海:上海交通大学出版社,2019.
[11] 苟彦新. 无线电抗截获抗干扰通信[M]. 西安:西安电子科技大学出版社,2010.
[12] 宋华文,马玉林,刘泽军等. 复杂电磁环境下装备保障训练概论[M]. 北京:国防工业出版社,2015.
[13] 罗汉杰,周杰,倪虹. 无人机自主检测及避障技术应用[J]. 南方农机,2020,07:18-19.
[14] 孟照伟. 无人机低空域安全飞行管理概述[J]. 科技经济导刊,2020,05:80.
[15] 罗秋凤,高艳辉,张锐等. 轻型无人机飞行控制系统适航安全性研究[J]. 计算机测量与控制,2020,08:139-143.
[16] 何征,谢冲,熊秀等. 无人机雷电防护研究[J]. 飞机设计,2018,03:42-47.
[17] 张迁迁. 无人机飞行的风险及其公法规制[D]. 安徽大学,硕士,2020.
[18] 潘泉,康童娜,吕洋. 无人机感知规避技术发展与挑战[J]. 无人系统技术,2018,04,51-61.
[19] 李丽,胡博. 民用无人机违规飞行对空防安全安全威胁及对策建议[J]. 科技视界,2018,31,198-199.
[20] 邓力. 无人机与民航客机碰撞概率研究[J]. 南京理工大学学报,2019,01,122-128.
[21] 王锡柱. 灵活监管:无人机飞行监管理念及其展开[J]. 中国应用法学,2019,06,65-84.
[22] 吴健发,王宏伦,刘一恒等. 无人机避障航路规划方法研究综述[J]. 无人系统技术,2020,01,1-10.
[23] 吕晓林,罗纯哲. 无人机低空小捷径飞行研究[J]. 宇航计测技术,2013,06,80-83.
[24] 梁巍. 无人机在电视制作中的应用及存在问题[J]. 西部广播电视,2016,15,199-200.
[25] 郭士宾. 无人机航拍的应用研究[J]. 西部广播电视,2018,09,181+183.
[26] 刘颖. 小型无人机的扩散带来低空飞行安全问题——美军关注低空战场的飞行管制[J]. 现代军事,2006,06,51-52.
[27] 文述生. 无人机航测在地形测量中的应用[J]. 产业与科技论坛,2018,23,49-51.
[28] 吴文博. 浅谈民用无人机的管制问题[J]. 中国无线电,2019,03,19-22.
[29] 刘明远. 民用无人机社会风险防控与法律监管[J]. 行政管理改革,2019,08,44-49.
[30] 邹仁. 无人机机载加固电子设备机箱结构设计[J]. 内燃机与配件,2018,17,26-27.
[31] 齐兴昌,刘盘香. 无人机电子产品可靠性增长的工艺措施[J]. 电子工艺技术,2001,03,135-136.